아이가
잘 크는 곳의
비밀

아이의 가능성이 열리고
잠재력이 폭발하는
공간에 관한 모든 것

아이가
잘 크는 곳의
비밀

김경인 지음

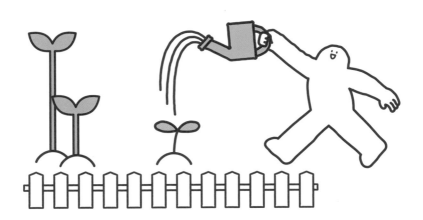

whale books

공간에서 시작되는
육아의 기적

몇 해 전, 나는 《공간이 아이를 바꾼다》와 《공간은 교육이다》라는 책을 썼다. 2권의 책에서 나는 학교와 도서관, 공원 등의 공공 공간이 아이에게 직·간접적으로 어떤 영향을 미치는지를 설명하며, 공간이 아이의 성장과 배움에 작용하는 강력한 도구라는 사실을 이야기했다. 당시만 해도 나의 관심은 아이를 위한 더 나은 공공 공간을 만드는 방법에 집중되어 있었다.

그 후로 시간이 흐르면서 세상이 많이 바뀌었다. 이제는 지나간 일이 되었지만, 그사이에 꽤 오랫동안 우리를 힘들게 했던 코로나19는 공간을 바라보는 시선을 어느 정도 뒤바꿔놓았다고 해도 과언이 아니다. 집은 단순히 가족이 모여 밥을 먹고 잠을 자는 공간을 넘어, 아이에게는 학교와 놀이터가 되고, 부모에게는 사무실과 쉼터가 되는 그야말로 다기능 공간으로 탈바꿈했다. 물론 지금은 많은 부분이 이전으로 돌아왔지만, 코로나 19는 공간이 인간의 삶에 얼마나 많은 영향을 미치는지, 그 중요성을 다시금 깨닫는 계기가 되기에 충분했다.

이번 책《아이가 잘 크는 곳의 비밀》은 이와 같은 사회적 가치관의 변화와 나의 개인적인 바람 속에서 탄생했다. 하지만 고백하자면, 이 책을 쓰겠다고 결심하기까지 적지 않은 고민과 망설임이 있었다. 내 아이는 이미 다 자라서 성인이 되었기에 요즘 부모들이 직면한 실제 육아 현장과 나의 상황이 다소 거리가 떨어져 있어서다. "내가 지금 한창 아이를 키우는 부모에게 과연 유의미한 도움을 줄 수 있을까?"라는 질문을 수없이 반복하며 주저했다.

그런데도 이 책을 쓰기로 한 데는 이유가 있다. 저출산과 고령화가 심화되는 사회에서 아이를 잘 키우는 일은 한 가정의 문제가 아니라 사회의 미래를 만드는 근본적인 일이기 때문이다. 나는 내가 오랜 시간 연구하고 경험했던 '공간'이라는 주제를 '육아'와 결합해서 부모에게 조금이라도 도움이 되고 싶었다. 공간은 우리가 매일 함께하고, 또 사용하는 필수적인 요소로, 부모가 어떻게 활용하느냐에 따라서 아이의 삶에 놀라운 변화를 가져올 수 있다.

나는 신경건축학자이자 공간 전문가이자 한 아이의 엄마로서 공간이 아이를 키우는 데 가장 근본적이고 효율적이며 경제적인 도구라고 생각한다. 이 책에서 나는 화려하거나 값비싼 인테리어를 이야기하지 않는다. 단지 부모와 아이가 머물거나 경험하는 곳에 대해 조금 더 생각해보고 작은 변화를 시도해보자고 제안할 뿐이다. 동시에 공간이 아이의 성장과 배움의 터전으로 자리하는 방법, 부모와 아이 모두에게 더 나은 삶을 선사하는 방법, 결국에는 그곳이 어디든 '아이가 잘 크는 곳'으로 만드는 방법을 구체적으로 알려주고자 했다. 그래서 아이를 키우는 부모가 조금은 낯설지도 모르는 '공간 육아'를 쉽게 받아들일 수 있도록 다음과 같이 책을 구성했다.

Part 1 왜 공간 육아를 해야 할까?

- 공간이 왜 아이의 첫 배움터인지를 설명하면서 공간이 아이의 배움과 성장에 어떤 영향을 미치는지를 다룬다.

Part 2 공간은 어떻게 아이를 발달시킬까?

- 공간이 아이의 뇌를 비롯한 총체적인 발달에 미치는 영향을 과학적으로 분석하면서 공간의 중요성을 구체적으로 이야기한다.

Part 3 아이를 키우는 공간에는 뭔가 특별한 것이 있다

- 연령별, 성별, 목적별 등 여러 가지 유형에 따라 공간 육아를 실천하는 방법과 사례를 제시한다.

Part 4 오늘부터 실천하는 공간 육아

- 지금 당장 실천할 수 있는 공간 육아법을 5단계로 나눠서 보여준다. 1단계 최적의 환경 찾기, 2단계 우리 집 인테리어, 3단계 아이 방 만들기, 4단계 공간 육아 팁, 5단계 집 밖에서 실천하는 공간 육아가 그 내용이다.

지금부터라도 부모가 공간의 가능성을 충분히 깨달아 이를 육아에 적극적으로 활용하기를 바란다. 공간 육아는 거창하거나 어려운 일이 아니다. 이미 우리 곁에 있는 공간에 약간의 관심과 아이디어를 더하는 것만으로도 시작할 수 있다.

　감히 말하건대, 공간은 아이의 삶을 바꿀 수 있다. 그리고 부모와 아이가 함께 성장하는 특별한 무대가 될 수 있다. 이 책이 그러한 변화를 시작하는 작은 계기가 되었으면 하는 간절한 바람이다.

차례

Part 1
왜 공간 육아를
해야 할까?

아이가 만나는 첫 배움터, 공간

가장 혁신적인 육아법, 공간 육아

공간 육아의 출발점, 우리 집

Part 2

공간은 어떻게
아이를 발달시킬까?

공간과 아이 사이에 과학이 있다

공간 육아의 핵심, 공간 지각 능력

아이의 신체·인지·정서·사회 발달을 위한 공간 육아

아이의 연령에 따른 공간 육아

Part 3

아이를 키우는 공간에는
뭔가 특별한 것이 있다

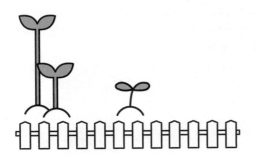

Part 4
오늘부터 실천하는
공간 육아

Part 1

왜
공간 육아를
해야 할까?

아이가 만나는
첫 배움터,
공간

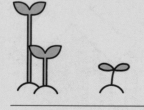

아이는 공간에서 태어나 자라고 배운다

①

아이는 세상에 태어나면서부터 공간과 연결된다. 대부분은 병원이나 집이겠지만 간혹 택시, 버스, 비행기에서처럼 예상치 못한 공간에서 태어나기도 한다. 이렇게 아이가 마주하는 첫 공간은 세상을 인식하는 첫 번째 매개체가 된다. 또 아이는 태어나는 순간부터 자신을 둘러싼 다양한 공간에서 배우기 시작한다. 의식적으로 노력하지 않아도, 누군가 가르치지 않아도 공간은 자연스럽게 아이에게 영향을 미친다. 공간이 아이를 성장시키는 주체이자 배경으로 작용하는 것이다.

아이는 공간에서 저절로 배운다.

확실히 전통적인 교육과 다른 관점이다. 과거의 교육은 교사와 책을 중심으로 지식과 기술을 전달하는 방식에 집중했다. 그 시절 배움의 공간은 칠판을 중심에 두고 책상과 의자가 일렬 배치된 구조로 교육 활동이 이뤄지는 장소에 불과했을 뿐, 교육의 주된 요소로 여겨지진 않았다. 그러나 현대의 교육에서는 학습 내용과 목적에 따라 책상과 의자가 자유롭게 이동하고 아예 공간을 분리하는 등 공간 자체가 아이의 발달과 학습에 지대한 영향을 끼치는 요인으로 인식되고 있다.

⌂ 무의식적으로 학습할 수 있다

아이는 공간에서 무의식적으로 배운다. 공간이야말로 무의식적 학습에 최적화된 도구며, 공간을 통한 무의식적 학습은 아이의 뇌 발달을 촉진한다. 아이는 공간에서 스스로 학습하는 방법을 배워 자연스럽게 지식과 기술을 습득한다.

지금 내가 살고 있는 아파트에는 매화, 목련, 벚꽃, 철쭉, 개나리 등 다양한 꽃나무가 있다. 꽃이 피고 지는 시기는 다르지만 매년 피고 지기를 반복한다. 하지만 어느 해는 꽃이 핀 것이 기억나고, 어느 해는 기억나지 않는다. 정확히 그 시기를 알지 못하더라도 누구나 무의식적으로는 꽃이 피고 진다는 사실을 느꼈을 것이다. 이처럼 공간은 굳이 의식하지 않아도 무의식적으로 느끼게 한다. 무의식적 학습이 효과적으로 이뤄지려면 아이가 접하는 공간이 아이에게 풍부한 자극을 제공해야 한다.

무의식적 학습은 일상적인 환경에서 자연스럽게 일어난다. 이를테면 아파트 단지 내에서 자라는 나무와 꽃을 관찰하거나 낙엽을 밟으며 산책하는 단순한 활동조차도 아이에게는 자연의 변화를 학습하는 기회가 된다. 또 집에서 가족과 함께 식사하며 대화를 나누는 시간은 언어를 발달시키고 사회화를 배우는 중요한 기회다. 집 밖에서의 경험도 학습으로 이어진다. 거리에서 사람들이 신호등을 보고 길을 건너는 모습이나 시장이나 마트에서 다양한 사람들의 상호 작용을 살펴보는 과정은 아이로 하여금 사회적 규칙과 경제 활동을 이해하게 한다. 이러한 공간에서의 학습은 아이가 특별히 의식하지 않아도 자연스럽게 이뤄진다.

미국의 신경과학자 마리안 다이아몬드Marian Diamond는 자극이 풍부한 환경(장난감, 바퀴, 터널 등이 포함되어 풍부한 자극을 제공)과 자극이 빈약한 환경(최소한의 자극과 상호 작용만 가능)에 쥐를 일정 기간 노출시킨 후, 신경 세포의 밀도와 대뇌 피질의 두께, 뇌의 무게 등을 측정했다. 그 결과, 자극이 풍부한 환경에서 자란 쥐는 자극이 빈약한 환경에서 자란 쥐보다 뇌에서 더 많은 신경 연결을 형성했다. 또 자극이 풍부한 환경에서 자란 쥐의 뇌는 자극이 빈약한 환경에서 자란 쥐의 뇌보다 더 무거웠다. 대뇌 피질의 두께가 늘어난 것이 뇌 무게 증가의 주요 원인이었다. 무엇보다 자극이 풍부한 환경에서 자란 쥐들은 학습과 기억력 테스트에서 더 우수한 성과를 보였다. 이는 환경적 자극이 인지 기능 향상에 긍정적인 영향을 미친다는 것을 나타낸다.

아이도 마찬가지다. 다양하고 풍부한 자극이 있는 환경에서 자란 아이는 그렇지 않은 아이보다 더 나은 학습 능력을 보인다. 주변 환경의 자극은 아이의 감각과 사고력을 활성화하여 아이가 새로운 것을 탐구하고 경험을 통해 스스로 학습하도록 이끈다.

———

"아이들은 우리가 가르치는 것보다
우리가 제공하는 환경에서 더 많이 배운다."

- 존 듀이 *John Dewey*

———

🏠 평등한 학습 기회를 제공한다

공간은 아이에게 평등한 학습 기회를 제공하는 강력한 도구다. 신체, 지능, 부모의 경제력 등 배경이나 여건의 차이가 있어도, 공원, 도서관, 박물관, 커뮤니티 센터 등과 같은 열린 공간은 모든 아이에게 동등한 학습의 기회를 준다. 오히려 공간은 사회적·경제적 격차의 해소에 중요한 역할을 한다. 예를 들어 아이는 도서관에서 무료로 제공하는 여러 가지 책과 자료를 통해 경제적 여건에 상관없이 다양한 정보에 접근할 수 있다. 신체적 제약이 있는 아이도 마찬가지다. 휠체어 경사로, 점자 표지판 등 특별한 디자인이 적용된 공간을 통해 동등한 학습 기회를 자유롭게 누릴 수 있다. 이처럼 공간은 아이에게 '다름'이 차별이 되지 않음을 알려주는 학습의 장이다.

공간은 아이의 성향에 따라 각기 맞춤별 환경을 제공하기도 한다. 소극적인 아이는 도서관의 조용한 공간에서 자신만의 속도로 책을 읽으며 학습할 수 있다. 반면에 적극적인 아이는 과학관에서 실험 활동이나 팀 프로젝트를 통해 창의적이고 활발하게 학습할 수 있다.

사실 우리 주변에는 놀이터, 어린이공원, 도시자연공원, 도서관, 청소년센터 등 공공 공간이 많다. 주변에 이러한 공간이 아무리 많아도 이용하지 않으면 결코 내 것이 될 수 없다. 평등한 배움의 기회를 온전히 누리기 위해서는 공간을 이용해야만 한다. 특히 도서관은 독서 모임, 강연, 체험 활동 등의 프로그램을 통해 아이에게 다양한 학습 환경을 제공한다. 또 아이는 자연으로 둘러싸인 공원에서 감각적 경험을 통해 창의력과 정서적 안정감을 키울 수 있다.

―――――

"아이들이 자라는 환경이 배움의 한계를 결정짓는다."

- 마리아 몬테소리 *Maria Montessori*

―――――

⌂ 무제한으로 학습할 수 있다

아이가 공간에서 배우고 익히는 데는 제한이 없다. 길을 걸으며 주변 풍경을 관찰하는 순간, 가족과 함께 밥을 먹으며 대화를 나누는 순간, 심지어 혼자 창밖을 바라보는 순간조차도 아이에게는 배움의 기회로 작용한다. 일상의 경험은 아이가 세상을 이해하고, 문제를 해결하며, 창의적으로 사고하는 데 필요한 토대를 형성한다.

공간은 아이의 학습 동기를 자극하여 끊임없이 새로운 것을 배우게 한다. 길가에서 꽃을 보며 계절의 변화를 느끼거나 공원에서 나뭇잎을 주우면서 생태계를 이해하는 등 공간은 아이에게 살아 숨 쉬는 교과서가 된다. 주로 교실에서만 이뤄지는 전통적인 학습과는 다르게 아이는 주변 환경과 상호 작용하면서 스스로 질문하고 답을 찾아간다. 이를테면 아이는 공원에서 놀 때 자연스럽게 풀, 나무, 곤충 등과 접한다. 그러면 생물학적 개념을 배울 뿐만 아니라 관찰력과 호기심까지 자극한다. 길을 걸으며 마주하는 간판이나 광고판의 문구를 통해 새로운 단어를 배우는 것도 공간이 무제한으로 제공하는 학습의 또 다른 사례다.

우리 아이는 6세 때 집에서 아빠에게 바둑을 배우며 자연스럽게 수를 익혔다. 바둑의 집을 계산하려면 스스로 수를 읽고, 쓰고, 이해해야만 했기 때문이다. 집을 계산하지 못하면 바둑에서 이겼는지, 또 얼마나 이겼는지를 알 수 없었기에 수 익히기는 필수적이었다.

사실 공간에서 이뤄지는 학습은 특정 장소나 시간에 국한되지 않는다. 그렇기에 무제한이라는 것이다. 집 안의 부엌에서 부모님의 요리를 도우며 수학과 과학을 배우거나 도서관에서 책을 읽으며 상상력을 키우는 것처럼 공간은 언제 어디서든 무제한으로 학습을 가능하게 한다.

———

"교육은 교실 안에서만 이뤄지지 않는다.
그것은 세상 곳곳에서 이뤄진다."

- 존 듀이

———

공간은 아이를 무의식적으로 가르치는 '교사'다

②

　공간은 특별한 의도나 노력 없이도 아이로부터 자연스럽게 학습과 성장을 이끌어내는 무의식적인 교사(선생님)다. 공간은 아이에게 감각적 자극과 경험을 제공하며, 이 과정에서 아이는 자기도 모르게 배우고 익히며 또 성장한다. 시각적·청각적·후각적·미각적·촉각적 요소가 조화를 이루는 공간은 아이의 인지·신체·정서 발달을 촉진한다. 공간은 아이에게 무한한 가능성과 학습 기회를 제공하는 동시에 호기심과 탐구심을 자극해 자연스럽게 세상을 배우도록 이끈다.

🏠 공간에서의 감각적 자극과 인지 발달

공간은 아이의 감각을 자극해 뇌의 인지적 성장을 돕는다. 다양한 색깔, 형태, 질감을 경험할 수 있는 공간은 아이에게 세상을 관찰하고 탐구하는 능력을 길러준다. 공간을 통해 아이는 자연스럽게 색과 형태를 구별하고, 사물 간의 관계를 이해하며, 원인과 결과를 탐구한다. 이와 같은 과정이 뇌의 신경 회로를 강화하여 사고 능력을 확장시킨다.

예를 들어 대형 마트나 다이소처럼 다양한 제품이 있는 장소는 아이에게 수많은 물건을 관찰하고 체험할 기회를 제공하는 훌륭한 학습 공간이다. 이곳에서 아이는 제품의 색깔, 형태, 질감 등을 살펴봄으로써 시각과 촉각을 동시에 자극받는다. 식품 코너에서는 과일과 채소를 관찰하며 모양과 색깔을 비교하고, 생활용품 코너에서는 신기한 제품을 만져보며 탐구심을 키우는 식이다. "무엇에 쓰는 물건일까?", "어떻게 만들어졌을까?", "누가 이런 아이디어를 냈을까?" 등을 묻고 답하며 주변 세계를 더 깊이 이해하게 된다.

내가 예전에 아이와 여행을 갈 때마다 반드시 그 지역의 시장을 들렀던 것도 비슷한 이유에서였다. 시장은 그 지역의 정취와 특성을 가장 잘 느낄 수 있는 장소이기 때문이다. 마트에는 공산품이나 수입품이 많지만, 시장은 그 지역에서 생산된 특산물을 판매하는 경우가 대부분이다. 아이는 시장을 둘러보며 그 지역 사람들이 어떤 모습으로 어떻게 살아가는지를 자연스럽게 배울 수 있다.

🏠 공간에서의 다양한 움직임과 신체 발달

공간은 아이에게 신체적으로 건강하게 성장할 기회를 제공한다. 특히 놀이 공간은 아이가 자유롭게 움직이며 대근육과 소근육을 발달시킬 수 있게 하고, 그네, 시소, 미끄럼틀 등 다양한 놀이기구를 활용하는 과정은 아이에게 신체 조절 능력과 운동 기술을 배우고 익히게 한다.

놀이터는 아이가 신체 발달을 경험할 수 있는 이상적인 장소다. 그네를 타며 근육을 강화하거나 시소를 타며 균형을 잡는 등 다양한 움직임을 요구하는 놀이기구는 아이의 신체를 발달시킨다. 또 아이는 친구들과 놀이 규칙을 정하거나 차례를 지키는 과정에서 협력과 공감 능력을 자연스럽게 터득한다.

그런가 하면 놀이터는 아이가 자유롭게 공간을 재해석하고 자기만의 놀이 방식을 찾는 창의적 장소이기도 하다. 이를테면 미끄럼틀은 위에서 아래로 내려오는 용도로만 사용되는 것이 아니라, (다른 친구들이 있을 때는 하지 말아야겠지만) 등산처럼 아래에서 위로 기어오르거나 은신처로 활용되기도 한다. 이처럼 아이는 공간 속에서 스스로 새로운 규칙을 만들고 활동을 주도하며 자율성을 키워나간다.

🏠 자연과의 교감과 정서 발달

공간은 아이의 정서 발달에 중요한 역할을 한다. 특히 자연이 풍부한 환경은 아이에게 평온함과 안전감을 제공해 스트레스를 완화하고 정서적 안정감을 높이는 데 탁월한 효과를 발휘한다. 아이는 물, 풀, 꽃, 나무 등 자연 요소와 교감하며 감각을 자극받아 안정된 정서 상태에서 성장할 수 있다.

아이는 자연 속에서 다양한 생물과 생태계를 탐구하고, 자연을 존중하고 배려하는 공감 능력을 키운다. 예를 들어 꽃향기를 맡거나 강물을 만져보거나 나무에 앉아 있는 곤충을 관찰하는 등 자연 요소를 직접 경험하는 과정에서 아이는 자연의 소중함을 깨닫고 호기심을 키우며 정서적으로 더욱 안정된 상태로 성장한다.

공간은 아이가 자기만의 능력을 발견하고, 새로운 내용을 배우며, 스스로 가치관을 형성하는 데 기꺼이 무형의 교사가 되어준다. 도심에서도 자연환경, 건물 외관, 예술 작품, 가로 시설 등의 풍부한 공간이 아이의 탐구심을 자극하고 학습 동기를 부여한다. 이처럼 공간은 아이가 자기만의 속도로 학습하고 직접적인 지시가 없어도 새로운 지식을 탐색할 기회를 제공한다.

공간에는 아이를 키우는 지식과 가능성이 있다

요즘 부모들은 자주 "아이 키우는 데 돈이 너무 많이 들어요"라고 토로한다. 부부가 맞벌이해도 아이 한 명을 키우기 어렵다는 말은 이제 흔한 현실이 되었다. 출생률이 0.7명 이하로 떨어진 원인 중 하나도 이러한 경제적 부담과 무관하지 않다. 기본적인 양육비와 각종 교육비 등 아이의 성장을 위해 투자해야 하는 비용이 감당하기 힘들 만큼 커졌기 때문이다.

하지만 조금만 살펴보면 우리 주변에는 경제적인 부담 없이도 아이의 성장과 학습에 도움이 되는 공간이 풍부하다. 놀이터, 공원, 도서관, 박물관, 미술관, 캠핑장, 스포츠 시설, 청소년 수련관 등은 아이에게 다양한 경험을 제공하는 훌륭한 자원이다. 이 중에는 아예 무료거나 매우 저렴한 비용으로 이용할 수 있는 곳이 정말 많다. 대부분의 국립 박물관과 공공 도서관은 무료로 개방되어 있으며, 공원은 몇몇 국립 공원 등 특수한 경우를 제외하고는 누구나 자유롭게 이용할 수 있다. 하지만 많은 부모들은 여전히 사교육에만 의존하는 경향이 크다. 적절하지 않은 시기에 행하는 과도한 사교육은 오히려 아이의 오감과 창의력 등의 발달에 부정적인 영향을 미칠 수도 있다. 부모라면 아이의 성장에 주변의 풍부한 공간 자원을 어떻게 활용하느냐가 더 중요하다는 사실을 기억해야 한다.

⌂ 공간은 끊임없이 지식을 제공한다

공간은 아이에게 끊임없이 지식을 제공하는 무한한 학습의 장이자 강력한 학습 도구다. 아이는 공간에서 머무르거나 이동하며 감각적 자극을 통해 자연스럽게 지식과 경험을 쌓는다. 그런데 안타깝게도 많은 부모들은 운동조차 학원의 구조화된 프로그램을 통해 배워야 한다고 생각한다. 일상에서 자연스럽게 이뤄질 수 있는 활동조차 시간 절약이나 편리함을 이유로 간과하기 일쑤다. 이를테면 버스를 탈 때 한 정거장 전에 내려서 걷거나 엘리베이터 대신 계단을 이용하는 간단한 활동만으로도 아이는 충분한 운동 효과를 얻을 수 있다. 또 앞서 언급했지만, 공원이나 놀이터에서 뛰어놀고 놀이기구를 사용하는 활동은 아이의 대근육과 소근육 발달을 돕는다. 여러 공간에서 이뤄지는 다양한 신체 활동의 즐거움을 통해 아이가 건강한 생활 습관을 형성하도록 이끄는 것이다. 이렇게 자연스러운 경험은 공간이 제공하는 지식의 첫 단계가 된다.

공간은 아이에게 감각적인 경험과 창의적인 탐구의 기회를 수시로 건넨다.

첫째, 박물관과 과학관은 역사, 예술, 과학 등을 직접 학습하고 체험하는 대표 공간이다. 아이는 전시물을 살펴보고 질문을 던지면서 사고력을 키우고, 체험형 전시에서는 복잡한 이론이나 원리를 직접 눈으로 보고 손으로 만지며 이해력을 발달시킨다.

둘째, 동물원과 식물원은 생태계를 가까이에서 관찰하며 생명 존중의 가치를 배우는 공간이다. 아이는 동물의 서식지와 행동을 관찰하고 식물의 성장 과정을 경험하며 자연의 소중함을 깨닫는다.

셋째, 바닷가와 강가는 아이가 자연을 탐험하며 상상력을 키우는 특별한 공간이다. 모래사장에서 뛰놀거나 바람을 느끼는 활동만으로도 정서적 안정감을 얻고 자연의 힘과 아름다움에 감탄하며 창의력을 자극받는다.

넷째, 도서관은 아이가 책을 통해 지식을 습득하고 간접 경험을 하며 자기 주도 학습 능력을 키우는 공간이다. 아이는 스스로 흥미로운 주제의 책을 찾아서 읽고, 새로운 정보를 익히며, 질문하고 답을 찾는 과정을 통해 학습의 즐거움을 느낀다.

마지막으로 공공 예술 공간은 창의적 사고와 미적 감각을 풍부하게 만든다. 어쩌면 그냥 지나칠 수도 있는 거리의 조각과 벽화 등은 아이에게 예술적 영감을 불러일으켜 새로운 시각으로 세상을 바라보게 한다.

🏠 공간의 무한한 가능성

부모가 아이를 다양한 공간으로 데려가고 또 경험하게 하는 것이 효과적인 공간 학습의 시작이다. 집에서 시작해 동네와 주변, 더 나아가 다른 도시와 다른 나라까지 외부의 여러 공간을 탐험하는 과정은 아이의 성장과 발달에 지대한 영향을 미친다.

자연광이 풍부한 방은 아이에게 정서적 안정감을 주고, 벽지나 바닥, 가구 등의 호기심을 자극하는 색채와 형태는 학습에 몰입할 수 있는 환경을 조성한다. 그런가 하면 자연에서의 캠핑은 자연이 내는 소리와 바람의 감촉을 통해 아이의 모험심과 호기심을 자극하고 감성과 감각을 일깨운다. 텐트를 치고, 불을 피우고, 간단한 요리를 하는 등 캠핑에서 이뤄지는 활동은 아이가 창의력과 문제 해결 능력을 키우는 데 긍정적인 역할을 한다. 또 미술관에서는 아이가 예술 작품을 감상하며 시각적 감각과 상상력을 발달시킨다. "왜 이런 색을 사용했을까?", "작가는 무엇을 말하려고 했을까?" 등과 같은 질문을 던지면서 사고력을 확장하고 예술적 감수성을 키워나갈 수 있다. 그리고 농장 체험은 동물과 식물을 가까이에서 관찰하며 자연의 신비로움과 책임감을 배우게 한다. 아이는 닭장에서 달걀을 모으거나 밭에서 채소를 수확하며 자연과 사람의 공존 관계를 깨달을 수 있다.

공간은 학습의 시작이고 끝없이 가르친다.

아이의 발달에 영향을 미치는 47가지 공간

④

공간은 아이의 발달에 결정적인 역할을 한다. 아이는 태어나면서부터 특정 공간에서 자라며 이러한 공간은 사고방식, 정서 상태, 사회적 기술 등 전반적인 발달에 깊은 영향을 미친다. 집, 학교, 놀이 및 디지털 공간은 각각 고유한 방식으로 아이에게 자극과 경험을 제공하며 아이의 발달을 이끈다.

⌂ 집:
아이가 만나는 첫 번째 성장의 장

집은 아이가 태어나 최초로 마주하는 성장의 장이자 가장 많은 시간을 보내는 공간으로, 아이의 성장과 발달에 결정적인 영향을 미친다. 따뜻하고 사랑이 넘치는 가정환경은 아이에게 자신감을 가지고 세상을 탐험할 수 있는 기반을 마련해주기 때문이다.

집에서 이뤄지는 일상생활 및 부모님과의 상호 작용은 아이가 사회적 기술과 책임감을 기르는 데 중요한 역할을 한다. 아이는 식사 준비를 돕거나 청소를 하는 등 간단한 집안일에 참여하는 경험을 통해 가정 내에서 자기 역할을 이해하고, 자신의 행동이 공동체에 미치는 영향을 자연스럽게 체득한다.

미국의 교육학자이자 심리학자인 베티 콜드웰Bettye Caldwell은 가정환경이 아이의 발달에 미치는 영향을 분석하기 위해 'HOMEHome Observation for Measurement of the Environment'이라는 도구를 개발했다. 이 도구는 가정환경이 아이의 인지 발달에 어떤 영향을 미치는지를 평가한다. HOME은 가정환경의 질을 측정하는 6가지 주요 항목으로 구성되어 있다.

① **정서적·언어적 반응성:** 부모가 아이에게 따뜻하고 언어적으로 반응하는가

② **회피성:** 부모가 아이의 부정적인 행동을 효과적으로 관리하는가

③ **조직화된 환경:** 가정이 정돈되고 구조화되어 있는가

④ **학습 자료 제공:** 아이의 학습을 촉진할 자료나 장난감이 원활하게 제공되는가

⑤ **부모의 참여:** 부모가 아이의 활동에 적극적으로 참여하는가

⑥ **경험의 다양성:** 아이가 다양한 경험을 할 기회를 충분히 제공받는가

콜드웰은 저소득계층의 아이들을 생후 6개월부터 추적 관찰하며, HOME 평가로 가정환경과 발달과의 관계를 분석했다. 이 연구를 통해 가정환경의 질이 아이의 인지 발달과 학업 성취에 영향을 미친다는 사실이 입증되었다. HOME 평가로 측정된 가정환경의 질은 부모의 사회적 지위나 엄마의 IQ, 또 아이의 초기 IQ보다도 앞으로의 아이의 IQ를 더 정확히 예측하는 지표로 나타났다. 특히 안정적이고 학습 자원이 풍부한 가정환경은 아이의 인지 발달과 학업 성취를 높이는 역할을 했다. 반면에 불안정하거나 학습 자원이 부족한 가정환경은 아이의 인지 발달과 학업 성취를 저하시킬 가능성이 있는 것으로 밝혀졌다.

콜드웰의 연구는 가정환경의 질이 아이의 학습 능력, 정서 안정, 사회적 기술의 발달에 영향을 미친다는 사실을 보여준다. 즉, 물리적·정서적·학습적 자원이 풍부한 가정환경이 전반적인 발달을 촉진하는 요소로 작용하여 아이의 성공적인 성장과 발달에 결정적인 역할을 한다는 점이 확인된 것이다.

🏠 학교 공간:
아이가 학문적·사회적으로 성장하는 환경

학교는 아이가 학문적 지식과 사회적 기술을 배우는 중요한 공간이다. 초등학교에 다니는 아이는 하루 평균 6~8시간을 학교에서 보내며, 교실, 도서관, 운동장 등 학교 안의 다양한 공간에서 학습하고 또래와 교류한다. 그중에서도 교실은 학습 동기와 효율성에 직접적인 영향을 미친다. 자연광이 풍부하고 소음이 적으며 온도와 공기의 질이 쾌적한 교실은 아이의 집중력과 학습 효과를 높이지만, 혼란스럽고 정돈되지 않은 교실은 학습 동기를 저하시킬 수 있다.

학교는 사회적 기술을 배우는 공간이기도 하다. 아이는 친구들과 교류하며 타인의 관점을 이해하고 협력과 갈등 해결 능력을 자연스럽게 익힌다. 학교는 교실 외에도 도서관, 실험실, 운동장 등 다양한 공간을 통해 아이의 발달을 지원한다. 도서관은 자기 주도 학습을 촉진하고 아이가 스스로 정보를 탐색하며 관심 있는 주제를 깊이 탐구할 기회를 제공한다. 실험실은 과학적 사고력과 문제 해결 능력을 키우는 데 도움을 주며, 운동장은 신체 활동과 팀워크를 배울 수 있는 최적의 장소다.

2015년 영국 샐퍼드대학교의 연구에 따르면, 잘 설계된 초등학교 교실은 아이의 읽기, 쓰기, 수학 학습의 성취도를 높이는 데 중요한 역할을 한다. 연구 결과, 교실의 물리적 특성(자연광, 온도, 공기 질, 색상, 개별화된 디자인 등)이 학생들의 학습에 가장 큰 영향을 미친다고 밝혀졌다. 특히 평균 정도의 성취도를 가진 학생이 제대로 학습 환경이 갖춰지지 않은 교실에서 효과적으로 조성된 교실로 이동했을 때의 학습 성취도는 1년 내 국가 교육 과정의 하위 수준에서 약 1.3단계 상승하는 결과를 보였다. 이는 초등학생이 1년에 약 2단계의 진도를 나가는 정도의 의미 있는 성과라고 할 수 있다. 또 교실 내 시각적 환경이 학습 집중력에 미치는 영향을 조사한 연구에서는 장식이 지나치게 많은 교실이 주의력을 분산시키는 반면, 균형 잡힌 시각적 환경은 학습 집중력과 성취도를 향상시킨다는 점이 입증되기도 했다.

이처럼 학교 공간은 아이가 학문적·사회적으로 성장하는 환경으로써 아이의 성장 발달에 큰 영향을 미치므로 부모가 함께하지 않는다고 해도 어느 정도는 신경을 쓰고 살펴봐야 한다.

🏠 놀이 공간:
아이의 전인적 발달을 돕는 장

놀이 공간은 아이의 전인적 발달을 돕는 중요한 환경으로, 체력 증진, 정서 안정, 창의력 향상 등 다양한 면에서 긍정적인 영향을 미친다. 공원과 놀이터는 아이가 자유롭게 뛰어노는 등의 신체 활동을 통해 건강을 유지할 기회를 제공한다. 이러한 활동은 대근육과 소근육 발달을 촉진하고 신체 조절 능력을 향상시킨다. 또 공원과 놀이터에 있는 꽃, 나무, 새 등의 자연 요소는 아이의 창의력과 상상력을 자극하고 자연과 교감할 수 있게 한다.

놀이 공간은 정서 안정과 스트레스 해소에도 중요한 역할을 한다. 자연과 함께하는 아이는 긴장을 풀고 행복감을 느낄 수 있다. 2010년 중앙대학교 한상복의 연구에서는 산책을 통한 자연 놀이 활동이 유아의 스트레스 행동을 감소시키고 자연 친화적 태도를 향상시키는 데 효과적이라는 사실이, 2015년 한국교원대학교 김선혜의 연구에서는 자연에서의 놀이가 유아의 정서 지능과 자연 친화적 태도에 긍정적인 영향을 미친다는 사실이 밝혀지기도 했다.

놀이 공간은 아이가 창의력과 상상력을 발휘할 수 있는 환경이기도 하다. 비구조화된, 즉 정해져 있지 않은 놀이 활동(모래성 쌓기, 나무 집 꾸미기 등)은 아이가 스스로 놀이 방식을 만들도록 도와주며 창의적 사고와 문제 해결 능력을 키울 기회를 제공한다. 또 놀이 공간은 또래와 상호 작용을 함으로써 사회적 기술과 협력을 배우는 장이 되기도 한다. 아이는 놀이기구를 공유하거나 차례를 기다리면서 협력과 배려를 자연스럽게 익힌다. 갈등 상황이 벌어지면 스스로 문제를 해결하는 경험을 쌓는데, 이러한 과정은 의사소통 능력과 공감 능력을 발달시켜 사회적 관계를 형성하는 데 중요한 기초가 된다.

―――――

"놀이는 아이의 상상력을 자극하는 유일한 도구다."

- 알버트 아인슈타인 *Albert Einstein*

―――――

⌂ 디지털 공간:
요즘 아이들의 새로운 학습과 경험 환경

디지털 공간은 요즘 아이들에게 학습과 경험의 새로운 차원을 제공하고 있다. 디지털 공간은 전통적인 학습 환경과는 달리 유연성과 접근성을 갖추고 있어 아이가 자기만의 속도와 스타일에 맞게 학습할 수 있도록 한다.

디지털 공간은 아이의 자기 주도 학습 능력을 강화하고 맞춤형 학습 환경을 제공하는 데 탁월하다. 노트북, 태블릿 PC 등 디지털 학습 도구는 아이의 학습 패턴을 분석해 개인화된 학습 자료를 제시한다. 이를 통해 아이는 부족한 영역을 보완하고 학습에 대한 자신감을 높이면서 성취감까지 느낄 수 있다. 또 디지털 공간은 전 세계의 학습 자원에 접근할 기회를 제공해 아이의 학습 범위를 확장하고 다문화적 시각을 키워주기도 한다.

그런가 하면 디지털 공간은 아이의 비판적 사고 능력을 발달시키는 데 중요한 역할을 하기도 한다. 디지털 공간에는 방대한 정보가 존재하며, 이 정보를 선별하고 신뢰성을 판단하는 과정은 아이에게 자료를 분석하고 평가하는 능력을 키워준다.

플립 러닝Flipped learning은 디지털 학습 도구와 결합해 자기 주도 학습과 비판적 사고를 강화하는 것으로 나타났다. 플립 러닝이란 학습의 전통적인 순서를 '뒤집는' 방식의 교육 방법을 의미한다. 예를 들어 전통적인 교육 방식에서는 교실에서 교사가 강의하고 학생이 집에서 과제를 수행하지만, 플립 러닝에서는 이 순서를 반대로 한다. 즉, 학생이 집에서 강의 자료를 미리 학습하고, 교실에서는 과제를 수행하거나 토론, 프로젝트 등의 심화 활동을 진행하는 학습 모델인 것이다. 플립 러닝을 활용한 교실에서 아이는 수업 전후 자료를 분석하고 비판적으로 검토하며 학습 내용을 깊이 이해하는 능력을 키울 수 있다. 미국도서관협회ALA는 디지털 공간과 환경이 정보 출처를 분석하고 평가하는 능력을 길러주며 비판적 사고를 자연스럽게 발달시킨다고 강조하기도 했다.

마지막으로 디지털 공간은 아이가 창의적 사고를 발휘할 수 있는 환경을 제공한다. 동영상 제작, 디지털 스토리텔링, 그래픽 디자인 도구 등은 아이가 자신의 아이디어를 자유롭게 표현하고 창의적 활동을 실현할 수 있게 도와준다. 이러한 활동 과정에서 아이는 상상력을 자극하고 창의적 문제 해결 능력을 키워나간다.

이처럼 디지털 공간은 전통적인 학습 환경을 보완하며 아이에게 유연하고 포괄적인 학습 환경과 경험을 제공한다는 특징이 있다. 따라서 요즘 부모라면 반드시 면밀하게 살펴봐야 한다.

———

"환경이 아이의 발달에 긍정적이거나
부정적인 영향을 미칠 수 있다."

- 루돌프 슈타이너 *Rudolf Steiner*

———

아이가 자라는 공간이 바로 그 아이가 된다

사람들은 대부분 병원에서 태어나 집에서 자라며, 학교와 직장을 거쳐, 병원이나 호스피스에서 생을 마감한다. 또 우리는 삶의 약 90% 이상을 건물 안에서 보낸다. "하루에 8시간 이상을 실내에서 머물면 행복할 수 없다"라는 말이 있지만, 현실적으로 우리는 하루 대부분을 실내에서 보내고 있다. 특히 우리나라는 실내 활동 의존도가 높으며, 아이도 예외는 아니다.

아이는 기관, 학교, 학원 등 학습을 위한 일정 중심으로 생활한다. 따라서 외부 활동 시간이 부족해지는데, 미세먼지와 같은 환경 문제로 인해 실외 활동이 더욱 제한된다. 이로 인해 한국인의 비타민 D 결핍률은 세계적으로 높은 수준을 기록하고 있다. 햇빛으로 해결할 수 있는 문제조차 실내 생활에 의존하면서 약물로 보충하고 있는 셈이다.

이처럼 공간은 사람의 가치관, 생활 방식, 문화를 반영하며 삶에 깊은 영향을 미친다. "우리를 둘러싼 것을 관찰하면 우리 자신을 알 수 있다"라는 말처럼 공간은 사용자의 개성과 사회적 특성을 담아내는 거울과도 같다.

🏠 J.K. 롤링의 도서관과 스티브 잡스의 차고

아이가 태어나서 자라나는 공간은 아이의 성격, 가치관, 심지어 미래의 목표와 포부를 형성하는 데 결정적인 역할을 한다. 아이가 경험하는 환경은 정체성과 자아상을 구축할 뿐만 아니라 일상적인 행동과 장기적인 발달에도 큰 영향을 미친다.

세계적으로 유명한 '해리 포터' 시리즈를 쓴 작가 J.K. 롤링Joan K. Rowling은 어린 시절 도서관에서 보낸 시간이 자신의 상상력과 창의력을 형성하는 데 큰 도움이 되었다고 회상했다. 롤링은 도서관을 "끝없는 모험과 지식을 제공하는 마법 같은 장소"로 묘사하기도 했는데, 이는 아이에게 상상력과 창의력을 키울 수 있는 환경을 제공하는 것이 얼마나 중요한지를 잘 보여준다.

세계적인 기업 애플의 창업자 스티브 잡스Steve Jobs는 어린 시절 부모님의 차고에서 전자 기기를 분해하고 재조립하는 과정을 반복하며 창의적 사고와 문제 해결 능력을 키웠다. 차고는 그에게 자유롭게 실

● 롤링이 '해리 포터' 시리즈의 영감을 받았다고 해서 유명해진 포르투갈의 렐루 서점 내부.

험하고 탐구할 수 있는 안전한 공간이었으며, 실패에 대한 부담 없이 새로운 시도를 반복할 수 있는 환경이었다. 잡스는 차고에서 얻은 경험을 통해 세상을 독창적으로 바라보는 관점을 키웠고, 이는 창의적 아이디어와 혁신에 대한 열망으로 자연스럽게 이어졌다. 이러한 경험은 이후 그가 애플을 창립해서 아이폰, 아이패드와 같은 혁신적인 제품을 개발하는 데 중요한 밑바탕이 되었다.

롤링과 잡스의 어린 시절 이야기는 아이가 성장하는 공간이 창의적 사고와 혁신적 발상을 형성하는 데 큰 영향을 미친다는 것을 보여주는 대표적인 사례라고 할 수 있다.

⌂ 공간 설계가 아이에게 주는 영향

아이를 위한 공간은 의도적으로 설계되어야 한다. 아이의 성장과 발달을 돕기 위해 공간은 안전하면서도 긍정적 자극을 줄 수 있는 환경이어야 한다. 공간은 아이가 학습하고 탐구하며 실수를 통해 배우는 과정을 지원하는 역할을 해야 한다. 부모는 아이에게 더 나은 환경을 제공하기 위해 노력해야 하며, 이는 단순히 깔끔하거나 아름다운 공간을 넘어 아이의 창의력, 문제 해결 능력, 세상에 대한 열린 마음을 키울 수 있는 환경을 조성하는 것을 의미한다.

지금 아이가 생활하는 공간은 현재뿐만 아니라 미래를 형성하는 중요한 요소다. 부모와 사회는 아이가 최적의 경험을 할 수 있도록 다양한 공간을 지원하고 활용해야 한다. 우리가 먹는 음식이 쌓이고 쌓여 우리의 몸을 형성하듯이 아이가 자라면서 접하는 공간이 쌓이고 쌓여 결국에는 아이의 삶을 형성한다.

지금 당신의 아이는 어떤 공간에서 자라고 있는가? 그 공간이 아이의 미래를 형성하고 있다는 사실을 부모라면 잊지 말아야 한다.

아이가 사는 공간이 곧 아이의 모습이다.

가장 혁신적인
육아법,
공간 육아

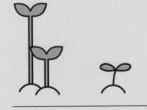

아이의 현재를 자극해 미래를 여는 공간 육아

①

"아이들은 공간에서 스스로를 교육한다."

이탈리아의 교육자 마리아 몬테소리의 말로 그의 교육 철학을 잘 보여준다. 몬테소리는 아이들이 스스로 학습할 수 있는 능력을 타고 났으며, 이 능력을 최대한 발휘하기 위해 적절한 환경과 자극을 제공하는 것이 필수적이라고 했다. 그녀는 아이들에게 자유로운 탐구의 기회를 주는 것이 중요하다고 생각해, 이를 통해 아이들이 자발적으로 학습할 수 있도록 돕는 데 교육의 초점을 맞췄다.

아이는 자신을 둘러싼 공간에서 자연스럽게 학습한다. 이 과정에서 공간은 아이에게 경험과 자극을 제공하고 학습과 발달을 돕는 도구로 작용한다. 아이는 공간에서의 경험을 통해 세상을 이해하고 문제를 해결하며 새로운 지식을 습득해나간다. 나는 이러한 접근법을 '공간 육아Space parenting'라고 이야기하려 한다. 공간 육아는 아이의 학습과 성장에 공간을 활용하는 방식으로, 아이의 호기심과 탐구 본능을 자극하는 환경을 조성하는 데 중점을 둔다. 아이의 발달 과정에서 공간의 중요성을 강조하며 학습과 성장을 지원하는 육아 철학이다. 따라서 공간은 육아의 시작이자 핵심인 것이다.

⌂ 공간의 3가지 유형

공간 육아를 제대로 실천하기 위해서는 우리가 살아가는 공간의 유형을 살펴볼 필요가 있다.

공간의 첫 번째 유형은 원래부터 존재하던 공간으로, 이미 조성된 자연 또는 공공의 목적을 가진 장소다. 공원은 아이가 신체 활동을 하면서 호기심을 자극할 수 있는 자연환경을 제공한다. 아이는 꽃과 나무를 살피거나 흙을 만지는 경험을 통해 자연을 느끼고 신체를 단련하며 자신감을 키운다. 도서관에서는 책을 읽고 지식을 탐구하며 자기 주도 학습의 기초를 다진다. 박물관은 역사, 과학, 예술 등을 직접 체험하는 공간으로, 전시물을 관찰하고 설명을 듣는 과정을 통해 창의력과 사고력을 발달시킨다.

두 번째 유형은 아이의 요구에 맞춘 공간으로, 아이의 발달과 필요를 반영해 설계된 장소다. 이 공간들은 놀이와 학습을 병행하며 아이의 성장을 지원한다. 예를 들어 키즈 카페는 놀이기구와 학습 프로그램이 결합한 공간으로, 아이가 놀이를 통해 즐거움을 느끼고 동시에 사회성을 기를 수 있는 환경을 제공한다. 놀이학교에서는 발달 단계에 맞춘 놀이와 교육 프로그램으로 창의력과 협동심을 키우고 또래 친구들과 상호 작용하며 사회적 기술을 배울 수 있다. 창작 공방은 미술, 공예, 요리 등 여러 활동을 통해 창의적 표현 능력을 기르고 감각 자극을 경험하며 상상력을 키울 수 있는 체험형 공간이다.

세 번째 유형은 육아 목적에 따라 만들어진 공간으로, 부모와 지역 사회가 아이의 돌봄과 교육을 위해 의도적으로 설계한 장소다. 이 공간들은 육아를 지원하고 아이의 성장을 돕는다. 커뮤니티 센터는 육아 상담, 부모 교육, 아이를 위한 활동 프로그램 등을 제공하며, 부모와 아이가 함께 학습하고 성장할 수 있는 환경을 조성한다. 지역아동센터는 방과 후 돌봄과 학습을 통해 안정적인 환경을 제공하며, 특히 바쁜 부모를 대신해 아이에게 안전한 쉼터의 역할도 되어준다.

🏠 공간에서 시작되는 아이의 무한한 가능성

공간은 아이에게 무한한 가능성을 열어주는 열쇠다. 잘 설계된 공간은 아이의 창의력과 문제 해결 능력을 키우며 자기 주도 학습을 통한 성장의 기회를 제공한다. 아이는 공간에서의 경험을 마중물 삼아 자신의 잠재력을 발휘하며, 이러한 공간은 학습과 발달을 촉진하는 강력한 도구로 작용한다.

미국의 발명가 토머스 에디슨Thomas Edison의 어머니는 어린 시절 아들의 학습 환경을 적극적으로 지원했다고 한다. 학교에 적응하지 못하던 에디슨을 위해 어머니는 집 안의 지하실에 실험실을 만들어줬다. 실험실은 실험 도구와 화학 약품으로 가득 차 있었고, 에디슨은 이곳에서 자유롭게 실험하며 창의적 사고를 발휘할 수 있었다. 어머니가 만들어준 이 공간은 에디슨의 창의력과 문제 해결 능력을 키우는 데 중요한 역할을 했다.

프랑스의 과학자 마리 퀴리Marie Curie의 과학적 재능과 호기심은 어릴 적 아버지가 마련한 실험 공간에서 꽃피기 시작했다. 아버지는 딸이 직접 실험하고 탐구할 수 있도록 집 안에 비커, 플라스크, 증류기, 현미경 등의 실험 도구를 마련해줬으며, 이 공간은 그녀가 방사능을 연구하는 데 초석이 되었다. 훗날 퀴리는 노벨상을 2번이나 수상한 세계적인 과학자로 발돋움했다.

스페인의 화가 파블로 피카소Pablo Picasso의 아버지는 아들의 예술적 잠재력을 키우기 위해 특별한 환경을 조성했다. 집 안에 작은 미술 스튜디오를 만들어서 물감, 붓, 캔버스 등 미술 도구를 비치한 것이다. 피카소는 이곳에서 자유롭게 창작 활동을 하며 자기만의 예술 세계를 확장해나갔다. 이 스튜디오는 훗날 그가 큐비즘과 같은 혁신적인 예술 사조를 개척하는 데 밑거름이 되었다.

부모가 자신을 위해 마련한 안전한 공간에서 아이는 자신감을 가지고 도전할 수 있으며, 동시에 창의력, 문제 해결 능력 등 여러 가지 능력을 발달시킬 수 있다. 공간을 잘 설계하고 활용하는 것이야말로 부모가 아이의 미래를 열어주는 첫걸음인 셈이다.

아이에게 경험을 선물하는 공간 육아

공간 육아의 핵심은 '경험을 통한 학습'에 있다. 경험은 학습에 깊이 각인되어 그 내용이 오랫동안 지속하도록 돕는 도구다. 다른 사람의 설명을 듣거나 책을 통해 배우는 간접적 경험도 유익하지만, 직접 체험한 경험은 깊이 있는 이해와 감정이 결합하여 학습의 효과가 극대화된다. 이를테면 여행을 준비하는 과정에서 자료를 조사하고 설명을 듣는 것도 흥미롭지만, 직접 여행지에 가서 보고 느끼는 경험은 훨씬 더 생생하게 기억된다. "백 번 듣는 것이 한 번 보는 것만 못하다"라는 속담은 이를 잘 나타낸다. 특히 미취학 어린아이들에게는 체험적 학습이 더욱 중요한 의미를 지닌다.

⌂ 공간에서의 경험이 중요한 이유

아이는 추상적인 이론보다는 직접 경험을 통해 학습할 때 훨씬 효과적으로 배운다. 아이의 뇌는 학습에 민감하고 유연하며 정보를 빠르게 흡수해 활용하는 능력을 갖추고 있다. 체험적 학습은 아이의 호기심을 자극해 흥미를 높이며, 시각, 청각, 촉각 등의 감각을 활용해 뇌의 여러 영역을 활성화한다. 직접적 경험이 기억을 강화하여 학습 내용을 지속시키는 효과가 있다는 것이다. 예를 들어 나무나 곤충을 직접 관찰하고 만져보는 경험은 책 속의 그림이나 설명보다는 생생하게 기억된다. "경험만큼 좋은 선생님은 없다"라는 말도 있듯이 경험은 아이의 학습에 강력한 영향을 미친다.

2007년 미국 고등교육연구소인 에듀코즈EDUCAUSE 산하의 학습혁신기구에서는 실제 상황을 반영한 체험 중심의 학습이 학습자에게 높은 몰입도를 제공함으로써 의미 형성을 촉진하고, 이로 인해 학습 내용이 오랫동안 기억되며 실생활의 문제 상황에 효과적으로 적용된다는 것을 밝혀냈다. 이어 2014년 미국 워싱턴대학교에서는 STEM(과학, 기술, 공학, 수학) 분야에서 아이의 경험을 중시하는 능동적인 학습 방식을 도입할 경우, 전통적인 학습 방식인 강의에 비해 학습 성과와 지식의 지속성, 문제 해결 능력이 통계적으로 유의미하게 개선된다는 연구 결과를 발표하기도 했다. 이를테면 나비의 한살이를 교실에서 책으로 배우는 것보다는 자연이라는 공간 속에서 실제로 나비를 관찰하는 것이 학습에 깊이를 더하고 오래 기억되며 탐구심을 자극한다는 것이다. 이러한 경험은 아이가 스스로 질문하고 답을 찾아나가는 학습 능력을 더욱 강화시킨다.

아이는 성인이 되어서도 특별한 체험을 한 공간을 의미 있는 장소로 기억한다. 어린 시절 가족과 함께 숲속에서 캠핑하며 밤하늘의 별을 관찰했던 경험은 평화로운 기억으로 자리 잡는다. 학창 시절 운동회는 성취감, 긴장감, 친구들과의 유대감이 더해져 운동장을 특별한 공간으로 남게 한다. 또 시골집의 작은 부엌에서 할머니와 음식을 만들며 교감했던 시간은 따뜻함이 추억으로 각인되어 부엌을 요리 공간 이상의 의미로 변모시킨다. 첫 해외여행 중 에펠 탑이 보이는 거리에서 느꼈던 설렘과 경외감은 파리를 평생 잊히지 않는 여행지로 만들고, 병원 대기실에서 주사를 맞기 전 느꼈던 두려움과 부모님의 손을 잡으며 느꼈던 안도감은 그 공간을 긴장과 신뢰의 장소로 기억하게 만든다.

이처럼 강렬한 감정과 연결된 경험은 해당 공간을 특별한 기억의 저장소로 재탄생시킨다. 이러한 경험적 기억은 성인이 되어서도 잘 잊히지 않으며, 공간과 경험이 결합하여 각자만의 의미 있는 장소로 자리 잡게 된다.

🏠 자연이라는 공간이 주는 것들

여러 공간 중에서 자연은 아이에게 특히 더 의미를 지닌다. 자연 속에서 생태계를 관찰하면서 생명의 소중함을 깨닫는 경험이 아이에게 깊은 인상을 남기기 때문이다. 동물을 키우거나 식물을 재배하는 활동은 아이에게 책임감을 심어주고 성취감을 느끼게 한다. 이러한 활동은 동물과 식물의 성장 과정을 배우는 데 그치지 않고, 생태계와 환경에 대한 이해를 높이며, 자연 보호의 중요성을 깨닫는 것으로 이어진다.

미국의 작가 리처드 루브Richard Louv는《숲속의 마지막 아이Last Child in the Woods》(국내 미출간)라는 책을 통해 아이들이 자연과 단절된 환경에서 자라면서 주의력 부족, 스트레스 증가, 창의성 저하와 같은 문제를 겪고 있으며, 그럴수록 자연 속 체험 활동과 놀이를 활용한 학습이 정서 안정, 인지 발달, 창의성 증진에 긍정적인 효과를 준다고 이야기했다. 또 2019년 국제 학술지인 〈심리학 프론티어 저널Frontiers in Psychology〉에 발표된 연구에서는 자연환경에서의 학습 경험이 아이의 주의 집중력, 인지 기능, 정서적 안정감을 향상시키며, 이를 통해 아이의 학습 성취도와 문제 해결 능력이 개선된다는 점을 다각적으로 입증하기도 했다.

자연은 아이에게 다양한 학문적 개념을 통합적으로 배우고 실생활에 적용할 기회를 준다. 토마토 재배를 예로 들어보자. 아이는 토마토를 심을 때 모종을 심는 간격을 측정하면서 수학적 사고를 기르고, 성장 과정을 관찰하면서 광합성과 같은 과학적 원리를 학습하며, 토마토를 수확하고 나서는 유통 과정에 대해 배우면서 사회적 이해를 넓힐 수 있는 것이다.

이처럼 공간 육아는 아이에게 지식을 무조건 암기시키는 것이 아니라 경험을 통해 배운 내용을 실생활에 적용하며 학습하는 환경을 제공한다. 그리고 이러한 경험은 학습을 재미있는 탐구 과정으로 만든다. 아이가 지식을 단순히 받아들이는 것이 아니라, 이를 자신의 삶과 연결하도록 돕는 것이다.

가르치지 마라, 느끼게 하라!

영유아기 아이에게
공간은 최고의 학교다

③

🏠 영유아기에 공간이 중요한 이유

어린 시절의 경험은 성인이 된 이후에도 지속적인 영향을 미친다. 영유아기의 공간 경험 역시 아이의 성장과 성격 형성에 큰 영향을 미치며, 이때 접한 공간과 환경은 아이의 평생을 관통하는 가치와 태도를 형성하기도 한다.

0~2세까지의 영유아기는 뇌 발달의 황금기로, 이 시기에 뇌는 급격히 성장하고 발달한다. 임신부터 생후 약 1,000일까지의 기간 동안 아이의 뇌에서는 뉴런의 활성화와 시냅스 연결이 가장 활발하게 이뤄진다. 그래서 이 시기의 공간 경험은 아이가 세상을 이해하고 감정적으로 연결되는 방식을 형성하는 데 중요한 토대를 제공한다.

0~2세까지 다양한 색채와 질감을 활용해 놀이한 아이는 시각적 인식과 촉각 경험을 통해 뇌의 감각 처리 영역이 발달한다. 이러한 경험은 뇌의 학습 능력을 강화해 감각 정보를 처리하고 통합하는 능력을 키운다.

또 밝은 색상, 부드러운 촉감, 다양한 소리와 같은 감각적 자극은 아이의 전두엽과 감각 피질을 활성화해 학습과 기억 능력을 강화한다. 그리고 안정적이고 예측 가능한 공간은 아이의 정서적 안정감을 높이고 스트레스 호르몬 수치를 낮춘다. 반면에 혼란스럽고 자극이 부족한 환경은 스트레스를 유발해 아이의 뇌 발달에 부정적인 영향을 미칠 수 있다.

이처럼 영유아기는 공간으로 자연스럽게 학습하는 데 최적의 시기다. 단언컨대 이 시기의 공간은 최고의 학교라고 할 수 있다. 이탈리아의 교육자 마리아 몬테소리는 "인생에서 가장 중요한 시기는 대학 공부를 하는 시기가 아니라 출생부터 6세까지"라고 이야기하며, 초기 환경이 아이의 발달에 미치는 중요성을 강조하기도 했다.

🏠 인생에 영향을 미치는 어린 시절의 공간 경험

영유아기의 아이는 시각, 청각, 촉각 등 여러 감각을 통해 세상을 탐구한다. 그중에서 촉각은 생명체가 가장 먼저 사용하는 감각으로,

모든 감각의 시작점이라고 할 수 있다. 촉각 경험은 이후 시각과 청각을 통해 확장되며, 공간에서 제공되는 자극은 아이의 감각 조정 능력을 발달시키는 데 중요한 역할을 한다. 주변에서 다양한 꽃과 나무를 만지고 냄새를 맡으며 자란 아이는 자연과 교감함으로써 생물학적 지식을 내면화한다. 이러한 경험은 감각적 즐거움과 정서적 안정감을 제공하는 한편 자연을 존중하고 탐구하는 태도를 형성하도록 이끈다.

영국 잉글랜드의 에핑 숲 근처에서 자란 디자이너 윌리엄 모리스William Morris는 어린 시절 자연 속에서 보낸 시간이 자신의 예술적 세계관과 디자인 철학 형성에 큰 영향을 미쳤다고 이야기했다. 그는 숲에서 나뭇잎, 꽃, 나비, 곤충, 벌레 등을 관찰하여 자연의 세밀한 아름다움과 대칭 패턴을 디자인에 반영했다. 〈아칸서스Acanthus〉는 숲에서 본 아칸서스 잎의 생동감을 담아낸 모리스의 대표작으로, 자연과 인간의 조화를 추구하는 그의 철학을 잘 보여준다. 모리스의 사례는 어린 시절의 공간 경험이 창의성과 사고방식에 깊숙이 영향을 미칠 수 있음을 보여주는 좋은 예다.

⌂ 공간을 활용한 놀이의 놀라운 효과

블록과 퍼즐처럼 놀이에 공간 개념을 접목한 장난감은 아이가 색상, 형태, 크기를 구분하며 논리적 사고와 문제 해결 능력을 발달시키도록 돕는다. 퍼즐을 맞추는 과정에서 "이 조각은 어디에 들어갈까?"를 고민하는 순간은 아이의 창의적 사고를 자극하고, 블록을 쌓아 구조물을 설계하는 과정은 아이에게 건축적 사고를 경험할 기회를 제공한다.

나 역시 아이에게 퍼즐 놀이를 통해 다양한 경험과 학습의 기회를 주기 위해 노력했다. 처음에는 2조각 퍼즐로 시작하여, 점차 조각 수를 늘리며 난이도를 조정했다. 최종적으로는 2,000조각 퍼즐에 도전하도록 했다. 퍼즐을 선택할 때는 각 연령대에 맞는 난이도와 추천 완성 시간을 참고했으며, 아이가 특정 퍼즐에 익숙해지면 조각의 수를 늘리거나 새로운 주제의 퍼즐을 계속 준비했다. 퍼즐 놀이는 아이가 다양한 그림과 주제를 접할 수 있게 하여, 자연, 건축물, 동물, 도형 등 여러 분야의 학습을 자극했다. 퍼즐 놀이는 단순히 조각을 맞춰 그림을 완성하는 즐거움에서 끝나지 않았다. 이를 통해 아이는 문제 해결 능력, 집중력, 성취감을 배울 수 있었다. 학습 효과뿐만 아니라 성장과 발달에도 긍정적인 영향을 미친 것이다.

영유아기에 부모가 제공하는 공간은 아이가 세상을 이해하고 탐구하며 성장하는 데 필요한 모든 기초를 만들어준다. 부모가 아이에게 다양한 경험을 할 수 있는 공간을 제공하는 것은 아이의 미래를 위한 가장 값진 투자다. 아이가 경험한 공간은 평생 기억되고 학습의 근간이 되기 때문이다. 지금, 당신의 아이가 머무는 공간이 아이가 가진 가능성과 잠재력을 이끄는 출발점임을 잊지 말아야 한다.

아이가 자라는 공간이 아이의 미래를 결정짓는다.

아이가 살아갈 시대 vs 부모가 살아온 시대

④

지금의 아이가 살아가는 시대, 그리고 미래에 아이가 살아갈 시대는 부모가 성장했던 시대와는 근본적으로 다르다. 오늘날의 아이는 기술과 사회가 급속도로 변화하는 환경에서 살아가고 또 성장하고 있다. 이러한 변화는 아이가 기존 세대와는 다른 공간에서 그와 어울리는 방식으로 배우고 자라야 함을 보여준다. 한번 생각해보자. 과연 지금의 아이가 부모에게서, 학교에서, 선배들에게서 이러한 변화에 적응하는 최고의 방법을 배울 수 있을까? 오늘날의 아이는 부모 세대와 삶의 속도도 다르고, 공부하는 내용도 다르며, 경제적 선택 방식도 다르다. 부모 세대가 경험하지 못한 초고령 사회, 대도시 집중, 디지털 기술, 글로벌 네트워크 등의 현실 속에서 아이는 새로운 방식으로 세상을 이해하고 문제를 해결해야 한다. 부모 세대의 방식만으로는 더는 세상을 살아내기가 어렵다. 요즘 아이들은 태어날 때부터 자동차를 타고 스마트폰과 생성형 AI를 자유자재로 사용하는 세대다. 부모는 이런 아이에게 삶의 태도와 살아가는 철학을 아주 새롭게 가르쳐야 하는 과제를 안고 있다.

🏠 사회의 변화에 따른 공간의 역할

오늘날 디지털 기술은 언택트 시대로의 전환을 이끌고 있다. 시간과 공간의 제약이 크게 줄어들었고, 정보 접근과 소통 방식이 과거와는 비교할 수 없을 정도로 혁신적으로 바뀌었다. 재택근무와 온라인 학습이 보편화되었고, 생성형 AI와 같은 기술이 어느새 일상 깊숙이 자리 잡았다. 과거에는 자료를 찾을 때 도서관에서 며칠이 걸렸다면, 이제는 생성형 AI를 활용해 단 몇 초에 문제를 해결할 수 있다. 우리 아이들은 점점 이러한 도구를 자연스럽게 사용하며 학습의 방식을 새롭게 정의하는 중이다.

특히 코로나 19는 일상생활, 교육, 경제, 인간관계 등 다양한 영역에서 기존의 방식을 뒤흔들었다. 이로 인해 예측 불가능한 상황에 대비하고 적응하는 능력은 더욱 중요해졌고, 이 능력은 아이에게도 필수적인 역량이 되었다. 솔직히 부모 세대가 전혀 경험하지 못한 환경에서 아이에게 필요한 능력을 가르치기란 절대로 쉬운 일이 아니다.

그러므로 필요한 능력이 아닌, 필요한 철학을 가르쳐야 한다.

지금의 아이들은 100세 시대를 넘어 120세 시대를 살아갈지도 모른다. 이러한 변화는 부모 세대가 경험하지 못한 새로운 도전과 기회를 내포하고 있다. 아이가 미래에 당당히 살아가려면 스스로 학습하고 문제를 해결할 능력을 갖춰야 한다. 그리고 이 능력은 학교, 공원, 미술관, 박물관, 유적지 등 다양한 공간에서의 경험을 통해 기를 수 있다. 자연을 관찰하며 생태계의 흐름을 이해하거나 유적지를 둘러봄으로써 역사의 변곡점을 맞닥뜨리는 경험은 아이에게 변화의 패턴을 읽는 방법을 자연스럽게 가르칠 수 있다.

🏠 교육 방식의 변화에 따른 공간의 역할

많은 부모는 여전히 자신의 경험을 바탕으로 아이를 교육하려는 경향이 강하다. 그러나 앞서 언급했듯 전통적인 주입식 교육과 암기 중심의 학습으로는 더 이상 미래 사회가 요구하는 역량을 충족하지 못한다. 미래 사회는 복잡하고 예측하기 어려운 문제들로 가득하며, 정해진 교과서와 제한된 학습법만으로는 창의적이고 융합적인 사고를 키우기에 한계가 있다.

나는 그동안 공간을 연구하고 공간과 함께해온 신경건축학자이자 한 아이를 키워낸 엄마로서, 이러한 시대적 요구 속에서 공간 육아가 더욱 중요해지고 있다고 생각한다. 이미 언급한 바 있지만, 공간 육아란 아이에게 다양한 공간을 경험하게 하여 스스로 학습할 수 있도록 돕는 방식이다. 이 방식은 아이의 창의력과 문제 해결 능력을 자극하며 교과서에 머무르지 않고 경험을 통해 지식을 확장하게 만든다.

MIT 미디어랩의 연구 그룹 '라이프롱 킨더가든Lifelong Kindergarten'은 과거 여러 번의 연구를 통해 놀이, 탐구, 실험을 중심으로 한 창의적이고 자극적인 학습 환경이 아이의 문제 해결 능력과 창의적 사고를 촉진한다고 강조했다. 연구에 따르면 창의적 사고를 함양할 수 있는 환경, 즉 공간의 조성이 아이에게 새로운 아이디어를 적극적으로 탐색하고 시도하는 능력을 길러준다는 것이다.

아이에게 꼭 필요한 5가지 능력과 공간의 상관관계

⑤

🏠 21세기 필수 역량 5가지

미래 사회는 디지털 혁신, 환경 위기 등과 같은 과제에 직면하고 있다. 이러한 변화는 교육의 방향성을 새롭게 정의하게 해 아이에게 더욱더 다양한 역량을 요구한다. 미국 교육계에서 정의한 21세기 필수 역량은 창의력, 비판적 사고, 협업, 의사소통, 디지털 리터러시Digital literacy로 구성된다. 이러한 역량은 미래 사회의 불확실성과 복잡성을 해결하기 위한 핵심 능력으로 손꼽히며 전통적인 교과서 중심 학습이나 주입식 교육만으로는 충분히 길러질 수 없다. 다양한 환경과 경험 속에서만 개발될 수 있는데, 공간이 중요한 이유가 여기에 있다.

🏠 창의력과 비판적 사고:
올바른 판단과 문제 해결로 이끄는 공간

창의력은 새로운 문제를 독창적으로 해결하고 획일화된 사고에서 벗어나 다양한 상황에 유연하게 대처할 수 있는 능력이다. 미국의 미래학자 조지 랜드George Land와 베스 자먼Beth Jarman이 수행한 '창의성 연구Creative capacity study'에 따르면, 5세 아이들의 98%는 천재적 수준의 창의성을 보이지만, 10세에는 30%, 15세에는 12%로 그 비율이 급격히 감소한다. 반면에 어른이 천재적 창의성을 보이는 비율은 단 2%에 불과하다. 이는 우리가 오랫동안 따라온 전통적 교육 방식이 아이의 창의력 발달에 딱히 도움이 되지 않는다는 사실을 여실히 보여준다.

사실 창의력은 비판적 사고와도 밀접하게 연관되어 있다. 비판적 사고는 정보를 분석하고 평가해 합리적이고 논리적인 결론을 도출하는 능력으로, 창의적 아이디어를 실현 가능한 효과적인 형태로 발전시키는 데 중요한 역할을 한다. 창의력과 비판적 사고는 요즘 같은 정보 과잉 시대에 올바른 판단과 문제 해결을 가능하게 하는 핵심 역량으로, 시간이 지날수록 사회에서의 생존과 발전에 필수적인 능력이 되어가고 있다. 이 2가지 능력은 특히 아이가 직접 탐구하고 실험할 수 있는 환경에서 길러진다. 그중에서도 예술과 과학이 융합된 공간이 효과적인데, 이런 면에서 MIT 미디어랩(media.mit.edu)은 좋은 예

제임스 터렐의 작품을 자유롭게 감상할 수 있는 일본 가나자와 시의 21세기 미술관. 가나자와 시에서는 초등학생들이 의무적으로 미술관 교육을 받는데, 이 과정에서 아이들은 예술 작품을 자연스럽게 접하며 창의력과 비판적 사고를 발달시킨다.
(사진 출처: 일본 가나자와시)

라고 할 수 있다. 이곳에서는 3D 프린팅, 로봇 공학, 인터랙티브 미디어 등과 같은 첨단 기술을 통해 학생들이 자신만의 독창적인 아이디어를 실현할 기회를 제공한다.

그런가 하면 공간에서의 빛과 색채의 활용도 창의력을 자극하는 중요한 요소로 꼽힌다. 미국의 설치 미술가 제임스 터렐James Turrell은 빛을 활용한 설치 작품으로 감각적 자극을 극대화하여 이를 경험하는 사람들에게 새로운 사고의 가능성을 열어주는데, 특히 아이의 창의적 사고를 촉진하는 데 효과적이라고 알려져 있다. 빛과 색채를 활용한 환경이 아이의 호기심과 상상력을 자극하여 독창적인 아이디어를 떠올릴 수 있도록 도와주기 때문이다.

⌂ 협업과 의사소통:
팀워크를 배우고 익히는 공간

협업은 다양한 배경과 전문 지식을 가진 사람들이 공동의 목표를 달성하기 위해 힘을 합쳐 효과적으로 일하는 데 필요한 핵심 능력이다. 협업은 다양성을 존중하고 팀워크를 증진하여 현대 사회의 복잡한 문제를 해결하는 데 필수적인 역할을 한다. 인공위성 개발, 스마트폰 제조, 자동차 설계, 아파트 건설 등 대규모 프로젝트의 진행은 다양한 전문가들이 협업하지 않으면 불가능하다.

협업에서 가장 중요한 요소 중 하나가 의사소통 능력이다. 의사소통 능력은 아이디어를 효과적으로 전달하는 것뿐만 아니라 타인의 의견을 경청하고 존중하는 태도를 포함한다. 예전에 아이가 중학교에 다닐 때의 일이다. 음악 수업에서 '연주회'가 과제로 나온 적이 있었다. 학생들은 연주회의 기획, 감독, 악기 연주 등 다양한 역할을 스스로 정해 과제를 완성해야 했는데, 여러 차례 회의를 통해 이견을 조율하면서 협업과 의사소통의 중요성을 자연스럽게 체득했다.

협업과 의사소통 능력을 향상하는 데는 팀이나 그룹 활동을 지원하는 공동 작업 공간이 필요하다. 이러한 공간은 아이들이 함께 모여 아이디어를 교환하고 프로젝트를 수행할 수 있는 환경을 제공해, 협업과 의사소통 능력을 발달시키고, 상호 작용하면서 사회적 기술을 강화하게 만든다. 지금도 몇몇 혁신적인 학교에서는 프로젝트 기반 학습을 지원하는 공동 작업 공간을 적극적으로 활용하고 있다. 책상을 일렬이 아닌 모둠으로 배치해 자연스러운 상호 작용을 유도하는 구조도 여기에 해당한다.

🏠 디지털 리터러시:
새로운 세계를 여는 공간

디지털 리터러시는 스마트폰, 태블릿 PC 등의 디지털 도구와 검색

사이트, SNS 등의 플랫폼을 효과적으로 사용하고 이해하며, 이를 통해 정보를 관리하고 윤리적으로 활용할 수 있는 능력을 의미한다.

요즘 아이들은 실시간으로 전 세계의 기술과 문화를 접하며 자란다. 반면에 여전히 암기와 문제집 풀이에 익숙한 부모 세대는 디지털 환경에서 아이가 배우는 방식을 온전히 받아들이지 못한 채 적응에 어려움을 느끼고 있다. 하지만 120세 시대를 살아갈 아이는 기존의 지식 축적 방식만으로는 미래를 제대로 준비하기 어렵다. 디지털 리터러시가 미래를 살아가는 데 꼭 필요한 역량으로 부상한 이유다.

아이의 디지털 리터러시를 강화하려면 최신 기술 자원을 직접 접하고 사용할 수 있는 공간이 필요하다. 그 예로는 집, 학교, 도서관 등의 디지털 공간이 있다. 이러한 공간에서는 컴퓨터, 태블릿 PC, 프로그래밍 키트와 같은 디지털 도구를 사용하여 아이가 자연스럽게 최신 정보 기술을 배우고 활용하는 기회를 제공한다.

구글의 '코드 넥스트Code Next(codenext.withgoogle.com)'는 디지털 리터러시 개발의 성공 사례로 꼽힌다. 코드 넥스트는 미국에서 청소년들을 대상으로 컴퓨터와 관련 기술 교육을 제공하는 무료 STEM(과학, 기술, 공학, 수학) 프로그램이다. 이 프로그램은 주로 중고등학생들에게 최신 기술 도구, 멘토링, 프로젝트 기반 학습, 커뮤니티 내 네트워킹 기회를 제공하여 기술 분야에서의 진로 개발을 촉진하고 창의적인 문제 해결 능력과 혁신적인 사고방식을 함양하도록 이끈다.

박물관과 과학관 또한 아이의 디지털 리터러시를 높이는 중요한 학습 공간이다. 터치스크린, 영상 매체를 활용한 전시는 정보 전달에 그치지 않고 아이가 직접 디지털 기술을 이해하고 활용할 수 있도록 돕는다.

이처럼 공간은 아이의 디지털 리터러시를 개발하는 데 있어 중요한 도구다. 최신 기술 자원을 활용해 실질적인 경험을 쌓을 수 있는 환경은 아이를 디지털 시대, 즉 새로운 세계의 리더로 성장시키는 발판이 된다. 아이가 미래 사회에서 능동적으로 활동하며 새로운 가치를 창출할 수 있게 하는 핵심 요소로 작용하는 셈이다.

좋은 책을 읽으면 분명히 무언가를 얻는다는 사실은 누구도 의심하지 않는다. 나는 양질의 공간을 선택하고 아이가 그것을 접하게 하는 것, 또 그 안에서 경험치를 쌓는 것이 책을 고르는 것과 다르지 않다고 생각한다. 아이는 책을 통해 배우는 만큼 공간을 통해서도 배울 수 있다. 잘 설계된 공간은 아이의 창의력과 문제 해결 능력을 자극하고 중요한 가치와 역량을 형성하고 키우는 데 확실히 좋은 영향을 끼친다고 믿는다. 당신의 아이는 지금 미래가 원하는 인재로 크기 위해서 어떤 공간에 있는가?

아이의 미래는 어떤 공간에서 시작되고, 어떤 공간을 경험하며, 어떻게 공간을 활용하느냐에 따라 충분히 달라질 수 있다. 부모는 최적의 공간을 제공함으로써 아이가 미래 사회에서 필요한 인재로 성장

할 수 있게 도와줘야 한다. 공간은 아이의 가능성을 최대한으로 끌어
낼 수 있는 중요한 도구이기 때문이다.

아이가 삶을 살아가는 데 필요한 다양한 시선을 갖추는 방법,

미래를 살아가는 힘을 얻는 방법, 모두 공간에서 발견할 수 있다.

공간 육아의
출발점,
우리 집

아이가 태어나서
처음 만나는 공간

    아이가 태어나 처음으로 마주하는 공간은 '집'이다. 집은 아이가 세상을 인식하고 자신의 역할을 이해하며 자존감을 형성하는 출발점이다. 공간 육아는 공간이 아이의 성장과 발달에 큰 영향을 미친다는 사실에서 출발하는데, 그 핵심이 바로 집이다. 집은 아이가 어릴수록 하루 중 대부분을 보내는 공간으로, 아이의 신체·인지·정서·사회 발달을 지원하는 중요한 환경인 동시에 언어, 감정 표현, 사회적 기술을 익히는 최초의 학습 공간이기도 하다. 부모는 집에서 아이의 첫 번째 교사로서 일상적인 행동과 소통을 통해 중요한 학습 자료를 제공한다.

    아이는 태어나서 첫 한 달 동안은 시각이 충분히 발달하지 않아 주로 촉각을 통해 세상을 경험한다. 그러므로 이 시기에 집은 촉각을 자극하는 중요한 환경이 되며 아이의 신경 발달에 직접적인 영향을 미친다. 미국 하버드대학교 아동발달센터에서 진행한 연구에 따르면, 생후 초기 환경에서 아이에게 제공되는 자극은 뇌의 신경 연결 형성을 촉진하며, 안정적이고 자극적인 환경에서 자란 아이일수록 인지 능력과 정서 안정에서 더 뛰어난 결과를 보이는 것으로 밝혀졌다.

부드러운 소재의 장난감, 다양한 재질의 매트, 말랑한 쿠션, 납작한 베개, 여러 가지 벽 장식 등으로 꾸며진 놀이 공간은 아이의 촉각 발달을 돕고 탐구 능력을 키운다. 따라서 아이가 촉각적 자극과 부모와의 상호 작용을 통해 성장할 수 있도록 집을 설계하고 꾸미는 일은 매우 중요하다. 더불어 공간에서 이뤄지는 부모와 아이의 신체 접촉도 중요한데, 부모가 아이를 안아주고 쓰다듬어주는 행위가 아이에게 심리적 안정감을 제공해 신경 발달을 촉진하기 때문이다.

이처럼 부모는 아이가 태어나 만나는 첫 공간인 집에서의 경험이 아이의 성장과 발달에 큰 영향을 끼친다는 사실을 기억하고 안정적이고 자극적인 환경을 만들어주기 위해 노력해야 한다.

**집은 아이가 처음 경험하는 세상이자,
성장의 첫걸음을 내딛는 장소다.**

집의 크기보다
훨씬 중요한 것

②

집은 아이가 자라면서 스스로 가능성을 탐구하고 발전시킬 수 있는 다목적 공간이다. 집은 놀이, 학습, 휴식, 가족 간의 교류 등 모든 일상이 이뤄지는 장소로, 부모는 아이가 안전하게 탐구하며 자신의 능력을 확장할 수 있도록 환경을 조성해줘야 한다.

거실은 아이가 가족과 함께 시간을 보내며 놀이를 하고 대화하는 공간으로, 사회적 상호 작용을 시도하고 정서적 안정감을 느끼는 장소다. 아이는 놀이를 하면서 문제를 해결하는 방법과 창의력을 배우고, 부모와의 대화를 통해 언어 능력과 사회적 기술을 익힌다. 이 과정에서 같은 공간에 있는 부모가 아이의 이야기를 경청하고 반응해준다면, 아이는 자기 생각을 표현하는 방법은 물론이고 타인의 의견을 존중하는 태도까지 자연스럽게 터득하게 된다.

부엌은 단순히 음식을 만드는 공간만이 아니다. 아이가 부모와 함께 요리를 준비하고 실행하는 과정은 수학적 개념과 언어적 기술을 마주하는 좋은 기회가 된다. 아이는 재료의 양을 계량하거나 조리 순서를 따라가면서 수와 순서의 개념을 익힌다.

집은 아이의 신체 발달을 지원하는 공간이기도 하다. 아이가 자유롭게 움직일 수 있는 넓고 안전한 공간은 대근육과 소근육의 발달을 촉진한다. 부모가 꼼꼼하게 신경 쓴 안전한 집 안에서 기어 다니거나 앉거나 걷는 활동은 대근육 발달에 효과적이며, 블록을 쌓거나 퍼즐을 맞추는 활동은 소근육과 눈과 손의 협응력을 강화시킨다. 만약 집보다 더 넓은 공간이 필요하다면, 놀이터나 키즈 카페 등 외부 자원을 활용해 아이가 활동적이고 건강한 생활을 유지할 수 있도록 돕는 것도 좋은 방법이다.

아이의 성장과 발달에 있어 집이 다목적 공간의 역할을 제대로 수행하기 위해서는 무엇보다 환경 설계가 중요하다. 아이의 활동을 독려하는 가구 배치, 놀이와 학습을 동시에 지원하는 공간 구성은 아이에게 긍정적인 영향을 준다. 이를테면 거실 한쪽에 언제든지 책을 접하며 생각의 나래를 펼칠 수 있도록 책장과 작은 책상을 배치하거나 아이가 좋아하는 느낌의 매트를 깔아 감각을 자극하는 안전한 놀이 공간을 만들어주는 식이다.

부모는 꼭 기억해야 한다. 공간 육아에서 좋은 집의 역할은 비싸고 넓은 장소를 의미하는 게 아니다. 아이가 적당한 자극을 주는 안

전한 환경에서 자신의 능력을 탐구하며 성장할 수 있도록 집을 설계
하고 꾸미는 일이다.

아이에게
좋은 집이란

　아이에게 좋은 집은 앞서 이야기했듯 크고 화려하거나 비싼 집이 아니다. 집의 진정한 가치는 외형적인 요소가 아니라, 그 안에서 이뤄지는 삶과 경험에 있다. 좋은 집은 안전하고 자극적인 환경을 조성해 아이가 창의력과 정서적 안정감을 키울 수 있어야 한다. 아이는 안전한 집에서 자유롭게 놀이하고 학습하며 사랑과 유대감을 느끼고 자존감을 형성해나간다. 집은 아이가 실제로 거주하면서 처음으로 세상을 이해하고, 사회적 규범과 가치를 배우며, 자신의 정체성을 찾아가는 첫 번째 장소다.

　미국 하버드대학교 아동발달센터에서 발표한 보고서 및 관련 연구에 따르면, 안정적인 가정환경에서 자란 아이들은 자존감이 높고, 스트레스에 대한 저항력이 뛰어나며, 학업 성취와 사회적 상호 작용에서도 긍정적인 결과를 보이는 것으로 나타났다. 이처럼 안정적인 환경은 아이가 자신감을 가지고 도전하게 하며, 어려움을 겪더라도 이를 극복해내는 내면의 힘을 길러준다.

미국 코넬대학교의 교수이자 환경 및 발달 심리학자인 개리 에반스Gary Evans 또한 아이의 발달에 있어 가정환경의 물리적 특성, 즉 집이 얼마나 중요한지를 연구를 통해 밝혔다. 연구에 따르면, 넓은 공간은 아이의 활동성과 창의성을 증진시키며, 혼잡하지 않은 환경은 스트레스를 줄이고 정서적 안정감을 제공한다. 또 안정적인 주거 환경은 아이의 정서 안정과 학습 능력에 긍정적인 영향을 미치지만, 자주 이사를 하는 등 불안정한 환경은 정서 불안과 학습 저하를 초래한다. 또 소음이 적은 환경은 아이의 언어 발달과 학습 능력 향상에 도움이 되지만, 그렇지 않은 환경은 집중력을 저하시킬 뿐만 아니라 정서적 스트레스까지 유발한다. 에반스는 물리적 주거 환경을 개선하는 것이 아이의 인지적·정서적 성장에 긍정적인 변화를 가져올 수 있다고 강조했다.

이렇듯 아이에게 좋은 집은 외형적인 조건이 아니라, 그 안에서 이뤄지는 삶과 관계를 통해 정의된다. 아이와 가족이 함께 소통하고 성장할 수 있는 환경을 만드는 것이 좋은 집을 마련하는 핵심이며, 바로 이 지점에서 진정한 의미에서의 공간 육아가 시작되는 것이다.

Part 2

공간은
어떻게 아이를
발달시킬까?

공간과
아이 사이에
과학이 있다

아이의 뇌는
공간에서 자란다

뇌는 신체 기능뿐만 아니라 신체 성장, 감정 조절, 언어 능력, 학습 능력, 사회적 기술 등 모든 발달에서 중심축으로 작용한다. 아이의 뇌 발달을 이해하는 것은 아이에게 무엇이 필요하고, 왜 그런 행동을 보이는지, 어떻게 지원해야 하는지를 파악할 수 있는 열쇠가 된다.

☗ 뇌 발달이 중요한 이유

대뇌와 시냅스의 발달
아이의 뇌는 생후 초기부터 5년 사이에 가장 빠르게 발달한다. 그 중에서도 대뇌와 시냅스의 발달은 아이가 세상을 인식하고 반응하는 데 중요한 역할을 한다. 대뇌는 감정 처리, 복잡한 사고, 문제 해결, 의사 결정 등 인지 기능의 중심부를 담당하고, 뉴런과 뉴런 간의 연결 지점인 시냅스는 경험과 학습을 통해 형성 및 강화되며 아이가 학습하고 새로운 정보를 저장하는 능력을 뒷받침한다.

신경가소성과 학습 능력

신경가소성Neuroplasticity은 뇌가 환경 자극에 적응하고 변화하는 능력을 뜻한다. 다양한 자극이 풍부하게 제공되는 환경은 시냅스 형성을 촉진하고 뇌의 신경가소성을 강화한다. 이 과정은 학습 능력, 기억력, 문제 해결 능력 등을 크게 향상시켜 아이가 창의적이고 유연한 사고를 펼칠 수 있게 도와준다. 이를테면 블록으로 새로운 것을 만들거나 퍼즐을 맞추는 과정은 시냅스를 활성화하고 뇌의 여러 영역을 자극한다.

🏠 유전과 환경의 상호 작용

유전적 요인의 역할

아이가 부모로부터 물려받은 유전자는 지능, 성격, 신체적 특성 등 아이의 기본적인 틀을 만든다. 유전적 요인은 뇌 발달의 속도와 방향을 결정하고 특정 재능이나 능력의 발현 가능성을 설정한다. 예를 들어 언어 능력, 음악적 소질, 공간 지각 능력 등과 같은 특성은 유전적 기초에 의해 형성될 수 있다.

환경적 요인의 중요성

유전적 요인만으로는 아이의 뇌 발달을 온전히 설명할 수 없기에 환경적 요인도 꼭 짚어야 한다. 환경적 요인은 유전자의 발현을 조절하며 아이의 잠재력을 실현하는 데 결정적인 역할을 하기 때문이다. 감각적 자극은 뉴런 간의 연결을 강화하고 신경가소성의 발달을 촉진하는데, 다양한 색상과 모양의 장난감을 가지고 놀면 후두엽(시각 처리)과 두정엽(공간 인식)을 자극해 뇌 발달을 돕는다. 또 풍부한 감각 경험은 아이가 복잡한 사고와 학습에 적응하도록 이끈다.

유전과 환경의 상호 작용 사례

2010년 미국 하버드대학교 아동발달센터에서 진행한 연구는 유전적 잠재력이 높은 아이도 환경적 자극이 부족하면 그 잠재력을 충분히 발휘하지 못할 수 있음을 보여줬다. 반대로 적절한 환경적 지원은 유전적 약점을 보완하여 아이의 발달에 긍정적인 영향을 미치는 것으로 조사되었다. 이 연구는 유전자가 아이 발달의 기초를 형성하는 건 분명한 사실이지만, 아이가 태어나서 초기에 경험하는 것들이 유전자의 발현 방식을 변화시킬 수 있음을 강조했다.

부모의 따뜻한 양육과 안정적인 환경은 아이의 뇌와 정서 발달에 필수적이다. 아이가 정서적으로 안정되면 뇌의 편도체 또한 안정되어 스트레스가 줄어들며, 이를 통해 집중력과 학습 효율이 향상된다. 정서적으로 안정된 아이는 자신감을 갖고 새로운 경험에 도전하며 건강한 정체성을 형성할 가능성이 크다.

잘 갖춰진 환경에서 이뤄지는 놀이와 학습 또한 아이의 뇌 발달을 촉진하는 데 중요하다. 블록, 모래 놀이, 과학 실험 키트와 같은 도구는 놀이로써 아이의 여러 가지 능력을 자극하는데, 그중에서 블록을 쌓는 활동은 공간 지각 능력과 논리력을 동시에 발달시킨다. 그리고 독서를 장려하는 환경은 아이의 언어 발달과 사고력 향상에 효과적이다. 영국 런던대학교에서는 쌍둥이를 대상으로 한 대규모 연구를 통해 독서 노출의 빈도와 정도가 주로 환경적 요인에 의해 결정된다는 사실을 밝혀냈다. 독서 환경에 많이 노출된 아이들은 읽기 능력을 포함한 언어 능력이 크게 향상되었는데, 이는 유전적 잠재력을 가진 아이가 책 읽기와 같은 환경적 자극을 받음으로써 그 잠재력이 최대한 발휘되는 모습을 잘 보여준다.

🏠 아이의 뇌는 어떻게 발달하는가

아이의 뇌 발달은 태아기부터 성인기까지 단계적으로 진행되며, 각 발달 단계마다 뚜렷한 특징을 보인다. 뇌 발달은 행동·학습·정서 발달과 밀접하게 연관되어 있으며, 환경적 요인과 경험에 따라 그 속도와 방식이 달라진다.

태아기에는 뇌 발달의 기초가 형성된다. 이 시기에는 신경 세포(뉴런)의 생성과 그 세포들 간의 연결망 형성이 급격히 이뤄지면서 뇌 발달의 기반이 다져진다. 태아기의 뇌 발달은 엄마의 건강 상태에 크게 영향을 받는다. 엄마에게 적절한 영양이 공급되지 못하거나 스트레스 호르몬인 코르티솔의 과도한 분비는 태아의 뇌 발달에 부정적인 영향을 미칠 수 있다. 이 시기의 뇌 발달은 이후 아이가 학습하고 환경에 적응하는 능력의 기초를 만든다.

영아기에는 감각과 운동을 중심으로 뇌 발달이 이뤄진다. 영아기의 뇌는 외부 세계와의 상호 작용을 통해 급속히 발달하며, 이 시기에 시냅스 연결이 가장 활발히 진행된다. 주변 환경을 통해 시각, 청각, 촉각과 같은 감각 기관이 자극받으면 뇌의 여러 영역이 활성화되면서 뇌 발달을 촉진한다. 예를 들어 부모님의 목소리를 듣거나 표정을 보며 정서적 유대감을 형성하고, 손으로 이것저것을 만져보며 사물과 환경을 탐구하는 능력을 강화하는 식이다. 이 시기의 경험은 뇌의 감각 처리 능력을 높이고 신경망의 구조적 발달을 지원한다.

유아기는 언어와 사회성 발달에서 중요한 시기다. 뇌에서 언어를 담당하는 브로카와 베르니케 영역이 활성화되면서 아이는 말을 배워 간단한 문장을 구사하기 시작한다. 이 시기에는 놀이와 다른 사람과의 상호 작용이 중요한데, 이를 통해 아이는 사회적 규칙을 배우고,

타인의 감정을 이해하는 능력을 기르며, 사회적 기술과 정서적 안정감을 발달시킨다. 또 상호 작용 경험과 언어 발달은 뇌의 신경 회로를 더욱 복잡하게 만든다.

학령기에는 전두엽 발달이 활발히 이뤄지며, 논리적 사고, 문제 해결, 계획 능력이 크게 향상된다. 이때 아이는 학교에서 새로운 지식을 습득하고 또래와 관계를 맺으며 사회적 기술을 강화한다. 또 해마와 전두엽의 상호 작용은 학습 내용을 기억하고 활용하는 데 중요한 역할을 한다. 이 시기에는 새로운 학습 내용으로의 도전과 경험이 뇌 발달을 가속하여 아이의 인지적 능력을 극대화시킨다.

청소년기에는 감정 조절과 고차원적 사고가 발달한다. 이 시기에는 편도체와 전두엽의 상호 작용이 중요해진다. 청소년기 아이는 감정과 충동을 조절하는 능력을 키우며 비판적 사고와 추상적 사고 능력을 강화시켜나간다. 또 자아 정체성을 형성하고 미래에 대한 계획을 수립하는 시기이기도 한데, 이러한 발달은 사회적 관계와 개인적 성장 과정을 통해 더욱 정교해진다.

공간 육아를 설계하는 과학의 힘

②

    공간은 아이의 감정과 행동에 영향을 미친다. 공간과 아이 사이의 상호 작용을 이해하려면 조금 어렵더라도 뇌 과학과 신경건축학의 연결 고리를 파악하는 것이 필수적이다. 뇌 과학과 신경건축학은 공간이 인간의 감정, 행동, 인지 등에 어떤 영향을 미치는지를 과학적으로 설명하며, 이로써 공간이 삶에 가져오는 변화를 이해할 수 있는 기반을 만들어준다. 그중에서도 공간이 아이의 뇌 발달에 미치는 영향을 밝혀내는 일은 두 학문의 핵심 연구 분야 중 하나다.

⌂ 뇌 과학:
공간과 뇌의 상호 작용을 연구한다

뇌 과학은 공간적 자극이 뇌에 미치는 영향을 탐구하며, 뉴런 활성화, 신경망 연결, 감정 조절, 인지 기능 등에서 공간적 요소가 어떤 역할을 하는지 이해하는 데 초점을 맞춘 학문이다. 이를 위해 신경 이미징 기술(MRI, fMRI)과 행동 실험을 활용해 공간적 자극이 뇌의 특정 영역을 활성화하거나 억제하는 과정을 관찰하고 분석하며, 인간이 공간에서 경험하는 심리적·정서적·인지적 반응의 메커니즘을 설명한다.

자연광이 뇌의 전두엽을 활성화해 학습 능력을 높이고 심리적 안정감을 제공한다는 연구 결과는 뇌 과학이 거둔 중요한 성과 중 하나다. 자연의 주된 색인 녹색이 뇌에서 감정을 처리하는 편도체에 긍정적인 영향을 미쳐 마음에 평온을 가져온다는 점, 런던의 택시 운전기사들의 경우 특정 공간의 레이아웃이 해마를 활성화해 공간 기억과 탐색 능력을 강화한다는 점도 연구를 통해 밝혀진 바 있다.

이처럼 뇌 과학은 공간과 뇌의 상호 작용을 과학적으로 설명하여 인간 중심의 공간 설계를 위한 기초를 마련하고, 정서 안정, 학습 효율, 행동 개선 등을 지원하는 데 중요한 역할을 한다.

⌂ 신경건축학:
실제 공간에서 뇌 과학을 응용하고 실천한다

신경건축학은 뇌 과학의 연구 결과를 실제 공간 설계에 적용해 인간의 정서, 행동, 사고를 개선하고 생산성을 높이는 데 중점을 둔 실용적 학문이다. 뇌 과학이 공간과 뇌의 상호 작용에 대한 이론적 기반을 제공한다면, 신경건축학은 이를 바탕으로 인간 중심의 환경을 설계하는 데 목적을 둔다. 설문 조사, 생리적 반응 측정(심박수, 뇌파 등), 공간 활용 분석 등을 통해 공간 설계가 인간에게 미치는 영향을 평가해 과학적이고 구체적인 설계 지침을 제시한다.

신경건축학은 집, 학교, 사무실, 병원 등 다양한 환경에서 활용된다. 이를테면 집에서는 자연광을 극대화하기 위해 창문의 위치와 크기를 설계하고, 학교에서는 학생들의 집중력, 학습 효율, 창의력을 발달시키기 위해 적절한 색채를 활용하여 교실을 디자인한다. 사무실에서는 심리적 개방감을 주기 위해 천장을 높게 만들고, 집중력은 향상시키고 스트레스는 감소시키기 위해 백색 소음을 활용한다. 병원에서는 자연광과 자연환경을 최대치로 반영해 환자에게 심리적 안정감을 주고 회복 속도까지 높인다.

이렇듯 신경건축학은 "뇌 과학적인 발견을 실제로 공간 설계에 어떻게 반영할 것인가?"라는 질문에 실질적인 답을 제시한다.

뇌 과학과 신경건축학의 차이

	뇌 과학	신경건축학
초점	공간이 뇌에 미치는 영향 이해	뇌 과학적 발견의 설계 적용
연구 방법	실험적·이론적 접근	실질적 설계와 인간 행동 연구
결과	과학적 데이터와 원리 제공	구체적이고 물리적인 공간 디자인
적용 범위	이론 연구, 신경 질환 치료	건축 설계, 환경 개선
질문	공간 요소가 뇌에 어떤 영향을 주는가?	뇌에 영향을 주는 요소를 공간 설계에 어떻게 적용하나?
사례	자연광이 전두엽을 활성화하고 코르티솔 수치를 낮춘다는 사실을 규명	자연광을 최대한 활용할 수 있도록 창문 배치와 크기를 설계
	파란색이 전두엽을 자극해 집중력을 높이고 안정감을 준다는 원리 분석	학습 공간에 파란색 벽지와 조명을 사용해 집중력을 높이는 환경 조성

공간 육아, 뇌 과학을 만나다:
디자인과 과학의 상호 작용

③

아이의 뇌는 생후 초기부터 공간과의 상호 작용을 통해 급격히 발달한다. 뇌 과학적 관점에서 공간 육아란, 뇌 발달에 필요한 감각적 자극과 안정적인 환경을 제공해 아이의 인지·정서·사회 발달을 촉진하는 과학적이고 체계적인 접근 방식이다. 공간이 주는 시각적·촉각적·청각적 자극은 뇌의 특정 영역을 활성화하고 발달을 지원해 학습 능력과 창의적 사고, 문제 해결 능력 등을 키우는 데 긍정적인 영향을 미친다.

🏠 감각 자극과 아이의 뇌 발달

시각적 자극은 아이의 시각 처리 능력을 활성화해 뇌 발달을 촉진한다. 밝고 다양한 색상과 형태는 아이의 정서 안정과 창의적 사고를 유도하는데, 녹색과 노란색 같은 생동감 있는 색상은 아이에게 심리적 안정감을 제공하고 활력을 불어넣는다. 또 기하학적 패턴과 자연을 모티브로 한 디자인은 아이의 호기심과 탐구욕을 자극하는데, 벽면에 이러한 디자인을 적절히 활용하면 뇌의 전두엽을 활성화해 주의 집중력과 문제 해결 능력을 강화할 수 있다. 그리고 천장에 별 모양의 장식을 설치하거나 벽면에 자연을 주제로 한 그림을 배치하면 시각적 즐거움을 줄 뿐만 아니라 상상력까지 촉진한다.

촉각은 아이가 공간과 상호 작용하는 주요 감각이다. 공간에 쓰이는 다양한 재질과 질감이 아이의 감각 통합 능력을 발달시키고 뇌의 감각 영역을 활성화한다. 물, 모래, 점토 등의 재료를 활용한 촉감 놀이는 아이가 감각을 탐구해 뇌를 자극하도록 도와준다. 또 블록을 조립하고 해체하는 놀이 활동은 공간 지각 능력과 논리적 사고를 동시에 자극해 아이가 문제 해결 능력을 키울 수 있는 환경을 만들어준다.

청각은 아이의 정서 안정과 학습 능력을 지원하는 중요한 감각이다. 백색 소음이나 자연의 소리를 배경음으로 활용하면 스트레스를 줄이고 집중력을 높이는 데 도움이 된다. 소음이 차단된 환경은 아이가 외부에 방해받지 않고 학습과 놀이에 몰입할 수 있도록 이끌며, 리드미컬한 음악은 언어 발달과 신경계의 균형을 유지하는 데 효과적이다.

⌂ 자연 요소와 아이의 뇌 발달

자연광이 중요한 이유

자연광은 아이의 뇌를 활성화하는 데 중요한 역할을 한다. 자연광이 풍부한 공간은 뇌의 전두엽과 편도체를 자극해 스트레스를 줄이고 학습 효율을 높인다. 실제로 창문을 통해 들어오는 따스한 햇살은 아이의 기분을 개선하고 집중력을 높이는 데 효과적이다. 또 자연광은 아이의 생체 리듬을 조절하는 데도 필수적이다. 적당한 자연광은 멜라토닌과 세로토닌의 분비를 촉진하며, 이로써 아이가 생체 리듬을 안정적으로 유지하도록 돕는다.

색상과 질감이 주는 심리적 효과

색상과 질감은 공간의 기본적인 분위기를 결정할 뿐만 아니라 아이의 정서와 뇌 발달에도 직접적인 영향을 미친다. 이를테면 학습 공간에는 파스텔 톤의 차분한 색상을 사용하는 게 효과적인데, 이러한 색상이 아이에게 안정감을 제공해 학습에 집중할 수 있는 환경을 조성해주기 때문이다. 반대로 놀이 공간에서는 생동감 있는 밝은 색상을 사용해 아이의 창의적 사고와 상상력을 자극할 수 있다. 그리고 여러 가지 나무, 흙, 천연 섬유 등의 자연 재료는 따뜻하고 안정적인 촉각 경험, 즉 심리적 안정과 편안하고 긍정적인 환경을 선물한다.

자연과 만난 공간이 아이에게 건네는 것

자연은 아이의 정서 안정과 창의적 사고를 동시에 지원하는 요소다. 특히 실내에 식물을 배치하면 공기 질을 개선할 뿐만 아니라 심리적인 안정감까지 제공한다. 또 식물을 돌보고 관찰하는 과정은 아이의 책임감과 호기심을 키우는 데도 긍정적인 영향을 미친다. 더불어 자연을 모티브로 한 벽지와 바닥재는 시각적 즐거움과 함께 아이가 환경에 대한 긍정적인 정서를 형성하도록 돕는다.

🏠 안정적·체계적 환경과 아이의 뇌 발달

아이의 뇌는 안정적이고 체계적인 환경에서 잘 발달하며 학습과 정서에 영향을 미친다. 혼란스럽고 예측 불가능한 환경은 스트레스를 유발하고 발달을 방해할 수 있기에 명확하고 정돈된 환경을 조성하는 것은 아이의 성장을 돕는 데 매우 중요한 역할을 한다.

체계적으로 깔끔하게 정리된 공간은 아이에게 심리적 안정감을 제공하며 학습과 놀이에 더욱 집중할 수 있는 환경을 만들어준다. 서랍과 선반을 활용해 장난감과 학습 도구를 정리하면 아이가 질서와 자율성을 배워 자신의 활동에 쉽게 몰입할 수 있다. 이때 스스로 정리정돈을 하도록 독려하면 아이는 스스로 환경을 관리하는 능력을 키우게 되는데, 이는 자립심을 향상시킬 뿐만 아니라 체계적인 사고와 행동을 배우는 기회까지 제공한다.

일관성 있는 공간 배치는 아이가 자신의 환경을 잘 이해하고 효과적으로 활용할 수 있도록 돕는다. 학습 공간과 놀이 공간을 명확히 분리하여 각각의 활동에 적합한 색상과 조명을 고르고 배치하는 것이 중요하다. 학습 공간은 차분한 색상과 조명을 사용해 집중력을 높이고, 놀이 공간은 생동감 있는 색상과 조명으로 창의력을 자극하도록 설계하면 좋다.

공간 육아, 신경건축학을 활용하다:
아이의 성장과 환경의 조화

4

신경건축학은 아이의 성장과 발달에 큰 영향을 미치는 공간의 역할을 과학적으로 밝혀, 아이의 행복을 위한 맞춤 환경을 설계한다. 빛, 색상, 소리, 질감과 같은 건축적 요소가 아이의 뇌를 자극해 학습과 정서 안정, 창의적 사고를 지원한다는 점에서 신경건축학은 공간 육아와 깊은 관련이 있다.

⌂ 신경건축학을 활용한 사례

아이의 방

가정에서도 신경건축학적 원리를 간단히 적용할 수 있다. 창문이

커서 자연광이 충분히 들어오는 방에 학습 공간을 마련하면 아이의 집중력을 높일 수 있다. 놀이 공간에 다양한 질감의 매트를 깔면 아이의 촉각을 자극해 감각 통합 능력을 키울 수 있다. 천장에 입체적인 장식물을 설치하거나 벽면에 자연을 모티브로 한 그림을 걸어두면 아이의 상상력을 자극하고 공간 탐색과 학습을 동시에 독려할 수 있다.

비트라 학교

스웨덴의 대안 학교인 비트라 학교(vittra.se/telefonplan)는 신경건축학적 설계를 적용해 학습 환경을 혁신적으로 개선한 사례다. 이 학교는 오픈 스페이스 디자인을 통해 학생들이 자유롭게 이동하며 학습과 놀이를 함께하는 환경을 조성했다. 또 창문을 큼지막하게 만들어 자연광을 최대한 끌어들이고, 다양한 색채와 형태의 학습 공간을 설계하여 학생들의 창의력과 문제 해결 능력을 크게 향상시켰다.

도서관과 키즈 카페

도서관과 키즈 카페와 같은 공간에서도 신경건축학적 설계는 중요한 역할을 한다. 도서관은 자연광이 풍부하고 소음이 적은 장소에 책장을 배치해 아이가 편안하게 책을 읽거나 학습에 몰입할 수 있도록 한다. 키즈 카페는 클라이밍 벽, 로봇 조립 키트 등 체험형 놀이 요소를 도입해 아이의 탐구심과 창의력을 자극한다. 이러한 공간은 놀이와 학습의 경계를 허물어 아이가 즐겁고 유익하게 성장해나갈 기회를 제공한다.

🏠 공간 육아가 앞으로 나아갈 방향

2006년 국제신경과학회Society for Neuroscience에서 세계적인 건축가 프랭크 게리Frank Gehry는 건축과 신경과학 간의 상호 작용에 대해 논의하며 건축적 요소가 인간의 뇌에 미치는 영향을 이야기했다. 그는 형태, 색상, 질감과 같은 건축적 요소가 뇌에 긍정적이거나 부정적 영향을 미친다는 점을 이해하는 것이 건축가에게 매우 중요하다고 주장했다.

게리는 신경과학의 발견이 건축 설계에 새로운 통찰을 제공할 수 있다고 강조했다. 예를 들어 특정 형태나 색상이 뇌에 긍정적인 반응을 유발하거나 특정 질감이 정서적 안정감을 준다는 사실을 이해하면, 이를 기반으로 더욱 인간 중심적인 공간 설계가 가능해진다는 것이다. 그는 공간 설계가 그 공간에서 살아갈 누군가의 경험을 개선하고 삶의 질을 향상하는 역할을 해야 한다고 말하며, 신경과학적 통찰을 설계에 반영해야 한다고 거듭 피력했다.

게리의 통찰은 아이의 성장과 발달을 지원하는 공간 육아의 발전 방향에도 중요한 시사점을 제공한다. 건축적 요소가 아이의 정서, 행동, 학습 등에 미치는 영향을 과학적으로 이해하고, 이를 공간 설계에 반영한다면 아이가 건강하고 창의적으로 성장할 환경을 효과적으로 조성할 수 있다. 부모는 이러한 공간을 조성하기 위해 노력해야 하며, 그 노력이 아이를 위한 최고의 투자로 이어진다는 사실을 반드시 기억해야 한다.

공간 육아의 핵심, 공간 지각 능력

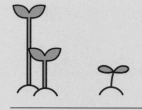

아이와 함께 자라는 공간 지각 능력

①

공간 지각 능력은 아이가 주변 환경을 이해하고, 물체와 자신의 위치를 파악하며, 물체 간의 관계를 인식하는 데 필요한 중요한 인지 능력이다. 또 인간의 생존과 학습, 일상생활에 필수적인 요소로 아이의 성장과 발달 과정에서 중요한 역할을 담당한다. 이 능력은 생후 초기부터 아이와 공간과의 상호 작용을 통해 발달하며, 신체적·인지적·정서적·사회적 발달과도 깊은 연관이 있다. 아이가 블록을 쌓는 활동은 놀이처럼 보이지만, 물체 간의 관계를 이해하고 조작하면서 창의적 사고와 논리적 문제 해결을 동시에 연습하는 과정이다. 아이는 공간 지각 능력을 발달시킴으로써 자신의 신체와 환경 간의 상호 작용을 더 잘 이해하고, 새로운 상황에서도 자신감을 가지고 효과적으로 대처할 수 있는 능력을 키워나간다.

🏠 공간 지각 능력의 3요소

공간 지각 능력은 거리 지각, 방향성, 공간 관계의 3가지 요소로 구성되며, 각각은 아이의 발달과 학습에 중요한 역할을 한다.

첫 번째, 거리 지각은 물체 간의 거리와 크기를 인식하는 능력으로, 아이가 물체를 잡거나 목표 지점으로 이동할 때 필수적이다. 아이는 멀리 떨어진 공을 잡으러 달려갈 때 거리 지각을 활용해 자신의 위치와 공 사이의 거리를 계산하고 움직인다. 이러한 경험은 물체의 크기와 거리 간의 상호 작용을 이해하고 자신의 움직임을 조정하는 데 기초가 된다.

두 번째, 방향성은 자신의 위치를 기준으로 물체의 방향을 이해하는 능력으로, 아이가 물리적 환경에서 경로를 계획하거나 목적지까지 이동하는 데 필수적이다. 길 찾기, 공을 던지는 동작, 특정 목표를 향해 이동하는 행동에서 방향성은 특히 중요하다. 아이가 축구를 할 때 공의 궤적과 목표 지점을 계산하여 움직이게 되는데, 이때 방향성

● Chat GPT로 구현한 공간 지각 능력의 3요소. ① 거리 지각, ② 방향성, ③ 공간 관계를 나타낸다.

이 활용되는 것이다.

세 번째, 공간 관계는 물체 간의 위치와 관계를 이해하고 활용하는 능력을 의미한다. 퍼즐 맞추기, 블록 쌓기, 그림 그리기와 같은 활동에서 공간 관계는 특히 두드러지며, 논리적 사고와 문제 해결 능력을 발달시키는 역할을 한다. 아이가 블록을 쌓을 때 무너지지 않도록 큰 블록을 아래에 두고 작은 블록을 위에 올리는 행동은 물체 간의 관계를 잘 이해하고 있다는 것을 의미한다.

🏠 공간 지각 능력의 시기별 발달

공간 지각 능력은 아이가 태어나면서부터 점진적으로 발달하고 환경과 상호 작용하며 강화된다. 영유아기의 아이는 시각적·촉각적 자극으로 공간을 탐구하는데, 손을 뻗어 장난감을 잡으려는 행동은 거리와 크기를 이해하려는 첫 시도로, 아이가 자신의 신체와 물체 간의 관계를 학습하는 것이다. 이 시기에 이뤄지는 아이와 부모의 상호 작용은 공간 지각 능력을 형성하고 강화하는 데 필수적이다.

아동기에는 놀이와 학습이 아이의 공간 지각 능력을 발달시키는 주요 도구다. 아이는 블록 놀이, 퍼즐 맞추기, 그림 그리기 등의 활동을 통해 물체 간의 관계를 이해하고, 조작하는 방법을 배우며, 성취감을 얻는다. 아이는 블록 놀이를 하며 균형과 안정성을 고려해 구조를 설계하는 방법을 학습하고, 퍼즐을 맞추며 다양한 형태와 크기의 조각을 조합하는 과정에서 논리적 사고와 문제 해결 능력을 키운다.

학령기에 들어서면 공간 지각 능력은 스포츠와 팀 놀이를 통해 더욱 정교하고 복잡한 형태로 발전한다. 축구나 농구와 같은 스포츠 활동을 하려면 공의 궤적을 예측하고 상대방과의 거리를 파악해 자신의 위치를 조율하는 능력이 필요하다. 이러한 활동은 아이의 공간적 문제 해결 능력과 협동심을 동시에 발달시킨다.

🏠 공간 지각 능력의 활용과 역할

공간 지각 능력은 STEM(과학, 기술, 공학, 수학) 분야의 기하학적 개념의 이해, 실험 설계, 구조물 시뮬레이션 등과 같은 학문적인 활용 면에서도 핵심적인 역할을 한다. 예를 들어 수학은 도형의 변형, 회전, 이동을 시각적으로 이해하고 계산하는 과정에서, 과학은 실험 장비를 준비하고 결과를 시각적으로 분석하여 의미를 도출하는 데 공간 지각 능력이 필요하다.

실생활에서도 공간 지각 능력은 중요한 역할을 한다. 아이는 방을 정리하거나 새로운 장소를 탐험할 때 물체 간의 관계를 이해하고 행동을 계획하며 실행한다. 예를 들어 아이는 장난감을 정리하고 재배치하는 과정에서 크기와 위치를 고려하여 공간을 활용하는 방법을 배운다. 또 새로운 환경을 탐색하거나 길을 찾는 과정에서도 공간 지각 능력은 아이가 목표를 설정하고 경로를 계획하는 데 도움을 준다.

공간 지각 능력은 사회적 상호 작용과도 떼려야 뗄 수가 없다. 팀을 이룬 스포츠 경기에서 아이는 자신과 팀원들의 위치를 파악하고 조율하여 협력할 때 공간 지각 능력을 사용한다. 이러한 경험은 협동심과 의사소통 능력을 강화해 사회적 환경에서 아이의 상호 작용 능력을 발달시킨다. 공간 지각 능력이 뛰어난 아이는 새로운 환경에서도 자신감을 가지고 적응하고, 불확실한 상황에서도 스트레스를 효과적으로 관리할 수 있다.

2

공간 지각 능력과 아이의 뇌 발달

☖ 공간 지각 능력과 관련 있는 뇌

아이의 뇌 중 공간 지각 능력과 밀접하게 연관되어 있는 곳은 해마, 후두엽, 전두엽, 두정엽이다. 공간적 자극은 이러한 뇌 영역의 발달을 촉진하는 데 중요한 역할을 한다.

해마는 공간 기억과 방향성을 담당하는데, 주로 새로운 환경을 탐색하거나 경로를 기억할 때 활성화된다. 아이가 놀이하며 장난감을 찾거나 미로를 탐험하는 과정에서 해마는 경로와 주요 지점을 저장하여 공간 지각 능력을 발달시킬 수 있도록 돕는다. 또 아이가 블록을 조립해서 뭔가를 만들 때도 해마는 블록의 위치를 저장해 공간 관계를 이해하는 과정을 이끈다. 이 과정은 해마의 신경망을 강화하여 복잡한 문제를 해결하고 창의적 사고를 지원하는 데 중요한 기반이 된다.

후두엽은 시각 정보를 처리하는 주요 영역으로, 물체의 크기, 형태, 색상, 위치를 분석하고 물체 간의 관계를 이해하도록 돕는다. 아이가 블록을 쌓거나 퍼즐을 맞추는 활동에서 후두엽의 활동이 두드러진다. 이러한 과정은 아이가 시각적인 패턴을 인식하고 공간적인 관계를 이해할 수 있게 하여, 시각적 분석 능력과 공간 지각 능력을 동시에 강화시킨다.

전두엽은 고차원적 사고와 문제 해결을 담당하는 뇌의 주요 영역으로, 후두엽과 해마에서 처리된 정보를 통합하여 복잡한 사고와 실행 기능을 조율한다. 아이가 블록을 쌓아 뭔가를 만들거나 미로에서 출구를 찾기 위해 경로를 계획할 때 전두엽은 이러한 과정을 조정하면서 집중력과 논리적 사고를 향상시킨다. 전두엽은 문제 해결 능력을 발달시키며 학습과 창의적 활동을 지원하는 데 핵심 역할을 담당한다.

두정엽은 공간 정보를 처리하고 물리적 움직임을 조절하는 뇌 영역으로, 위치 인식, 방향 감각, 물체 간의 거리와 관계를 이해하도록 돕는다. 아이가 블록을 쌓거나 퍼즐을 맞추는 활동은 두정엽 역시 활성화해 공간적 판단과 문제 해결 능력을 강화시킨다.

⌂ 공간 지각 능력이 뇌 발달에 미치는 영향

뉴런 연결 강화와 신경가소성

공간 지각 능력은 뇌의 신경가소성을 촉진한다. 신경가소성은 뇌가 경험과 활동을 통해 스스로 구조와 기능을 변화시키는 능력으로, 이를 통해 뇌는 새로운 정보를 학습한다. 공간 지각 능력을 자극하는 활동, 예를 들어 블록 놀이, 퍼즐 맞추기, 미로 찾기 등은 뇌의 여러 영역을 활성화시킨다. 이 과정에서 뉴런 간의 연결성이 강화되고 신경 네트워크가 협력해 뇌의 유연성을 높이며 새로운 상황과 도전에 더 잘 적응할 수 있도록 이끈다.

블록 놀이를 하는 동안 아이는 물체 간의 관계를 이해하고 조정하는데, 이때 전두엽이 전략을 계획하고 실행한다. 퍼즐을 맞추는 동안에는 후두엽이 시각적 정보를 분석하고 해마가 기억을 지원한다. 미로를 찾는 동안 아이는 방향을 파악하고 경로를 그림으로써 해마와 전두엽의 협력을 이끌어내 경로를 기억하고 문제를 해결한다. 이러한 활동은 신경가소성을 강화할 뿐만 아니라 아이가 새로운 학습과 환경에 적응할 수 있는 능력까지 발달시킨다.

학습과 문제 해결 능력의 향상

공간 지각 능력은 학습과 문제 해결 능력을 향상시킨다. 물체 간의 관계를 이해하고 활용하는 능력은 수학과 과학에서 도형의 이해, 지도 읽기, 실험 설계 등을 학습할 때 필수적이다. 이를테면 아이가 수학 문제를 풀 때 도형 간의 관계를 파악하는 능력은 문제 해결 과정의 핵심이라고 할 수 있다. 또 과학 실험에서는 물체의 위치와 관계를 분석하여 과정을 계획하고 결과를 예측할 수 있다.

아이가 복잡한 작품을 설계하거나 창의적인 작품을 만드는 과정은 전두엽과 해마의 협력으로 이뤄진다. 이러한 활동은 논리적 사고와 계획력을 자극하고, 아이가 문제를 해결하는 데 필요한 전략적 사고를 개발시킨다. 예를 들어 아이는 복잡한 레고 작품을 만들며 구조의 안정성을 고려하고, 각 부품의 역할을 분석하면서 공간적 사고와 분석 능력을 향상시켜나간다.

창의적 사고와 상상력의 발달

공간 지각 능력은 창의적 사고와 상상력의 발달을 돕는다. 아이가 물체를 탐구하고 조작하며 새로운 시나리오를 상상하는 과정은 뇌 발달에 긍정적이다. 아이가 공간을 탐색하고 물체를 활용하며 다양한 시나리오를 상상하는 동안, 뇌는 새로운 뉴런 연결을 형성한다. 이 과정은 뇌의 전두엽을 활성화하여 창의적 사고와 유연한 사고를 발달시킨다.

아이가 우주 배경의 블록 놀이, 미로 속에 숨겨진 보물을 찾는 상상 놀이 등 자기만의 이야기를 구성하는 데 공간을 활용할 때, 뇌는 독창적인 아이디어를 떠올려 실현할 수 있는 능력을 단단하게 만든다. 이것은 아이가 창의적 문제 해결 능력과 상상력을 키우는 중요한 과정이며, 새로운 관점을 탐구하고 독창적인 아이디어를 발전시키는 데 도움을 준다.

공간 지각 능력을 발달시키는 47가지 방법

③

🏠 방법① 다양한 놀이

블록 놀이

블록 놀이는 공간 지각 능력을 발달시키는 대표적인 활동이다. 아이는 블록을 조립하며 물체의 크기, 형태, 무게, 균형을 이해한다. 예를 들어 높은 탑을 만들면서는 큰 블록은 아래에, 작은 블록은 위에 배치해야 안정성을 유지할 수 있다는 점을 배운다. 이를 통해 아이는 균형과 안정성에 대한 개념을 자연스럽게 익히고, 논리적 사고와 문제 해결 능력도 향상시킨다.

블록 놀이 과정은 뇌 발달에도 직접적인 영향을 미친다. 해마는 공간 기억을 담당하고, 후두엽은 시각 정보를 처리해 물체의 크기와 형태를 인식하는데, 아이는 자기가 만들던 블록 작품이 무너졌을 때 얼른 복구하거나 다시 새로운 형태를 설계하며 창의적 사고와 논리적 사고를 동시에 연습하게 된다. 또 블록으로 다양한 패턴과 복잡한 작품을 설계하는 과정은 아이의 상상력을 자극하고 새로운 방식으로 문제를 해결할 수 있는 능력을 키운다.

퍼즐 맞추기

퍼즐 맞추기는 아이가 물체의 형태와 위치를 이해하며 시각적 사고를 발달시키는 데 효과적인 활동이다. 아이는 퍼즐 조각의 모양과 크기를 분석하고 조합하여 전체 그림을 완성하는 과정에서 논리적 사고와 집중력을 기르게 된다. 복잡한 퍼즐을 맞추는 동안 아이는 각 조각 간의 관계를 분석하고, 크기와 형태를 비교하며, 적절한 위치를 찾는 과정을 반복하는데, 이러한 활동은 전체와 부분의 관계를 이해하고, 시각적 패턴을 분석하며, 문제를 해결하기 위한 전략적 사고를 기르는 데 도움을 준다. 퍼즐 맞추기는 후두엽에서 시각 정보를 처리하고, 전두엽에서 계획과 실행을 조율하는 등 아이의 뇌를 종합적으로 자극한다.

종이접기와 실뜨기

종이접기는 2차원 평면을 3차원 입체 형태로 변환하는 과정을 통해 아이가 공간적 관계를 이해하고 논리적 사고를 발달시키는 활동이다. 종이를 접고 펼쳐가며 다양한 모양을 만드는 과정은 정교한 손동작과 소근육의 발달을 지원한다. 종이접기는 반복적인 접기 활동과 종이의 형태 변화를 통해 아이의 공간적 사고뿐만 아니라 상상력과 창의적 표현력을 동시에 향상시킨다.

실뜨기는 손가락의 움직임과 눈과 손의 협응력이 필요한 활동으로, 손의 정밀한 운동 능력을 발달시킨다. 손가락을 사용해 실로 다양한 모양을 만들어내는 실뜨기는 창의적으로 문제를 해결하는 방법은 물론이고 예술적 표현력에도 도움을 준다.

🏠 방법② 여러 가지 실외 활동

아이는 실외 활동으로 자연 속에서 공간 관계를 탐구하며 신체적·인지적 발달을 동시에 촉진할 수 있다. 자연환경에서의 여러 경험은 아이가 공간적 사고와 문제 해결 능력을 발달시키는 데 큰 역할을 한다.

가장 먼저 공원이나 숲에서 이뤄지는 실외 활동은 아이가 다양한 지형을 경험하면서 방향 감각과 거리 개념을 배우고 익히는 데 효과적이다. 나무 사이를 지나가거나 바위를 뛰어넘는 활동은 자연스럽게 공간 관계를 이해하고 탐구하도록 돕는다. 숲속에서 보물찾기를 하거나 특정 경로를 따라 목표 지점을 찾는 활동은 주변 환경을 탐색하며 방향성과 경로 설계 능력을 키우는 데 유익하다. 이러한 경험은 아이가 환경의 변화를 관찰하고 적응하는 능력을 기르는 데도 중요한 역할을 한다.

　다음으로 놀이기구와 함께하는 실외 활동은 아이의 신체 발달과 공간적 이해를 동시에 촉진시킨다. 그네를 타면서 공중에서의 위치 변화를 경험하거나 미끄럼틀을 타면서 속도와 거리의 관계를 이해하는 과정은 공간적 사고를 키우는 데 도움을 준다. 클라이밍 벽은 아이가 자신의 움직임을 계획하고 조정하면서 균형을 유지하는 능력을 향상시킨다. 이러한 활동은 대근육을 발달시키고 신체적 균형 감각을 강화해 아이가 물리적 환경에서 자신감을 가지고 움직일 수 있도록 이끈다.

　마지막 실외 활동은 창의적인 건축 활동이다. 모래로 성 쌓기, 눈으로 동굴 만들기, 나뭇가지로 집 짓기 등은 아이가 물체의 형태와 크기를 탐구하면서 구조적인 이해를 발달시키는 데 도움을 준다. 이러한 활동은 아이가 다양한 자원을 활용한 목표 달성 과정을 배울 수 있어 창의적 사고와 문제 해결 능력을 키우는 데 효과적이다.

🏠 방법③ 디지털 기술 활용

　디지털 기술은 아이가 몰입감 있는 환경에서 공간 관계를 학습하고 경험하도록 돕는 강력한 도구다. 우선 가상 현실은 아이가 3차원 가상 환경을 탐험하며 공간적 사고를 발달시키도록 이끈다. '구글 어스 VR'은 아이가 세계의 다양한 도시와 자연환경을 가상으로 탐험하며 지리 감각과 거리 개념을 배우는 데 유용하다. 그런가 하면 코딩과 로봇 프로그래밍은 논리적 사고와 공간적 문제 해결 능력을 동시에 강화한다. '레고 마인드스톰' 등 로봇을 특정 경로로 이동시키는 프로그래밍 키트를 활용하면 아이가 직접 로봇의 경로를 설계하고 실행해 보면서 공간 관계를 깊이 이해할 수 있다.

🏠 방법④ 응용 및 심화 활동

아이가 자라면서 시도해볼 수 있는 응용 및 심화 활동은 공간 지각 능력을 보다 전문적이고 정교하게 발달시킨다. 건축 모형 키트를 조립하거나 복잡한 기계 장치를 제작하는 활동은 아이의 공간적 조직력과 정밀한 손동작 기술을 향상시킨다. 방 탈출 게임, 루빅스 큐브와 같은 전략 퍼즐은 아이가 공간적 순서와 패턴을 분석하며 문제를 단계적으로 해결하게 하는데, 이러한 활동은 창의적 사고와 논리적 추론 능력을 동시에 자극한다는 특징이 있다. 그런가 하면 점토를 사용해 3차원 조형물을 만들거나 복잡한 디자인의 그림을 그리는 활동도 아이의 창의력과 공간적 사고를 앞으로 나아가게 한다.

아이의
신체·인지·정서·사회
발달을 위한
공간 육아

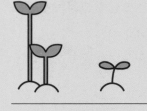

공간이 아이를
전인적 성장으로 이끈다

①

아이는 다양한 자극을 통해 신체·인지·정서·사회 발달을 경험하며 점차 복합적이고 균형 잡힌 인간으로 성장한다. 이 과정에서 아이가 생활하고 활동하는 공간은 발달에 중요한 영향을 미친다. 발달에 맞는 공간은 신체부터 사회에 이르기까지 각 발달 영역의 요구를 충족시키며, 아이에게 세상을 탐구하고 자신의 잠재력을 발휘할 기회를 제공해준다.

반면에 아이의 발달에 적합하지 않은 공간은 신체적 위험뿐만 아니라 인지적 기능 저하, 정서적 불안, 사회적 고립을 초래할 수 있다. 이는 아이의 잠재력을 억누르고 성장과 학습의 기회를 빼앗을 확률이 높다. 예를 들어 너무 좁고 폐쇄적인 공간은 아이가 자유롭게 움직일 수가 없어 신체 발달에 부정적인 영향을 미친다. 또 환한 불빛, 끊임없는 소리, 넘쳐나는 책과 장난감 등 과도하게 자극적인 환경은 아이의 집중을 무너뜨려 인지 발달에 방해가 될 가능성이 크다.

아이의 발달 영역에 따른 특성을 반영한 공간 설계는 아이의 전인적 성장을 돕는 데 필수적이다. 각 발달 영역에 적합한 공간은 아이가 건강하고, 창의적이며, 안정된 정서를 가진 인간으로 성장할 수 있는 토대 마련에 중요한 역할을 할 것이다.

아이의 신체 발달을 위한 공간:
성장의 무대

아이의 신체 발달은 건강한 삶의 기초를 형성하는 과정으로, 대근육과 소근육 발달, 협응력, 균형 감각 등을 포함한다. 신체 발달을 지원하는 공간은 아이가 세상을 배우고 몸과 환경의 관계를 탐구하는 무대가 된다.

대근육 발달은 아이의 운동 능력과 균형 감각을 키우는 필수 요소로, 걷기, 뛰기, 점프하기 등의 전신 운동을 통해 이뤄진다. 이를 위해서는 아이가 자유롭게 움직일 수 있는 넓은 공간이 필수적인데, 실내에서는 가구를 최소화한 놀이방이나 거실, 실외에서는 운동장이나 공원이 이상적이다. 그리고 미끄럼틀, 정글짐 등은 아이가 대근육을 활용하면서 균형 감각과 협응력을 키울 수 있는 좋은 기구다.

소근육 발달은 손과 손가락의 정교한 움직임을 강화하는 과정으로, 글쓰기, 그림 그리기, 조립하기 등의 활동을 통해 이뤄진다. 아이는 테이블과 의자가 준비된 공간에서 다양한 질감의 놀이 도구, 예를 들어 점토, 모래, 슬라임 등을 가지고 놀면서 소근육의 정교한 조정 능력을 키울 수 있다.

균형 감각과 협응력은 관련 기구를 갖춘 공간에서 효과적으로 발달시킬 수 있다. 흔들 다리, 그물망 터널 등의 놀이 기구는 아이가 몸의 균형을 잡으면서 협응력을 연습할 수 있는 좋은 도구가 되어준다. 여기에 잔디, 모래, 돌멩이, 타일 등 공간을 이루는 다양한 질감의 요소를 활용하면 아이는 손과 발을 통해 여러 가지 감각과 균형도 경험할 수 있다.

아이는 도전적인 환경에서 신체 능력을 강화하고 성취감을 느끼며 자신감을 키운다. 터널과 미로 등으로 이뤄진 비밀 통로와 모험 테마 공간은 아이가 자신의 신체를 이리저리 움직이며 자신감을 키우는 데 도움이 된다. 예를 들어 아이는 정글을 주제로 꾸며진 공간에서 외나무다리를 건너거나 덩굴을 타는 놀이를 하면서 모험심과 균형 감각을 동시에 기를 수 있다.

아이의 신체 발달을 위한 공간은 무엇보다 실내와 실외 환경이 조화를 이뤄야 한다. 실내 공간은 부드러운 매트나 장난감 등을 배치해 안전을 최우선으로 하되, 소규모 미끄럼틀이나 작은 클라이밍 벽을 추가해 활발한 운동이 가능하게 하면 좋다. 실외 공간은 햇볕을 받으며 움직임이 큰 활동을 할 수 있는 장소로, 놀이터, 운동장, 공원 등을

- Chat GPT로 구현한 아이의 신체 발달에 적합한 내부 공간과 외부 공간.

적절히 활용하면 된다.

　신체 활동은 정서 안정에도 긍정적인 영향을 미치는데, 아이가 충분히 움직이면서 에너지를 발산할 수 있는 공간은 스트레스를 줄여주고 마음이 평온해지도록 돕는다. 이때 신체 활동 후 편안히 쉴 만한 휴식 공간도 함께 마련해주면 아이의 신체적 피로와 심리적 안정을 동시에 충족시켜줄 수 있을 것이다.

아이의 인지 발달을 위한 공간:
성장의 발판

3

아이의 인지 발달은 학습 능력, 문제 해결 능력, 창의성, 그리고 세상에 대한 이해를 높인다. 이 과정은 뇌의 전두엽, 해마, 후두엽 등 다양한 영역에서 이뤄지며, 외부 환경이 제공하는 자극에 크게 의존한다. 이때 아이가 자주 활동하는 공간은 아이의 사고와 학습을 형성하는 '인지의 실험실'로써 중요한 기능을 한다.

아이의 인지 발달을 지원하는 공간은 다양한 감각 자극을 포함해야 한다. 시각, 청각, 촉각뿐만 아니라 후각과 미각도 중요한 요소가 될 수 있다. 밝고 활기찬 색상과 다양한 패턴을 통한 시각적 자극이 대표적인데, 예를 들어 자연광이 풍부한 공간은 눈의 피로를 줄이고 집중력을 높이며, 자연 경관은 정서적 안정감을 제공한다. 다양한 질감의 물체를 탐구할 수 있는 환경에서의 촉각적 자극은 뇌의 신경망

형성을 돕는데, 부드러운 천, 매끄러운 플라스틱, 거친 나무 등 다양한 재질로 이뤄진 공간일수록 아이의 호기심을 자극한다. 그리고 자연의 소리나 클래식 음악 등 청각적 자극은 아이의 집중력과 창의적 사고를 촉진한다.

어떤 공간에서는 아이가 특정 환경을 직접 탐구하고 문제를 해결하며 논리적 사고를 발달시킬 수 있다. 특히 어린이 박물관 같은 체험형 놀이 공간에는 과학 키트, 블록, 퍼즐 등이 잘 준비되어 아이가 스스로 실험 및 학습을 할 수 있다.

그런가 하면 아이의 총체적인 인지 발달을 위해 상상력을 자극하는 공간을 구성하는 것도 중요하다. 부엌 놀이나 병원 놀이 등 역할 놀이 공간은 아이가 사회적 시나리오를 미리 접하면서 문제 해결 능력을 기르는 데 도움을 준다. 그리고 우주, 정글, 바다 등을 테마로 한 공간은 아이에게 특정 주제에 몰입할 기회를 제공해 창의적 사고를 더욱 증진시킬 수 있다.

아이의 정서 발달을 위한 공간:
마음이 자라는 환경

④

아이의 정서 발달은 감정을 느끼고 표현하는 것뿐만 아니라 스트레스를 관리하고 사회적 관계를 형성하며 행복한 삶을 살아가는 데 중요한 역할을 한다. 정서 발달 역시 외부 환경, 특히 아이가 자주 머무는 공간과 밀접한 관계가 있는데, 정서 안정과 자유로운 감정 표현의 기회를 제공하는 공간은 아이가 새로운 경험에 도전할 수 있도록 용기를 북돋우고, 내면의 불안을 덜어내며, 자기 자신을 더 깊이 이해하는 데 도움을 준다.

부드럽고 따뜻한 분위기를 느끼게 하는 쿠션, 은은한 조명, 파스텔톤의 벽지 등 차분한 공간 요소는 아이에게 심리적 안도감을 선사하고, 혼자만의 시간을 가질 수 있는 독서 코너나 작은 텐트 같은 아늑한 장소는 아이에게 스스로 감정을 정리하고 내면의 평화를 찾을 기

Chat GPT로 구현한 아이의 정서 발달에 적합한 내부 공간과 외부 공간.

회를 제공한다. 또 예측 가능하고 일관성 있는 환경은 아이에게 신뢰감을 주며, 잘 정리된 공간과 안전한 가구는 심리적 안정감을 더욱 강화시킨다.

아이가 감정 표현 능력을 기를 때도 공간은 매우 중요하다. 그리기와 만들기 등을 할 수 있는 창작 활동 공간이 주어지면 아이는 자신의 감정을 작품으로 표현할 수 있다. 이를테면 화가 난 아이는 점토를 주무르며 부정적 감정을 해소할 수 있고, 슬픈 아이는 색칠을 하면서 내면의 감정을 솔직히 드러낼 수 있다. 부모와 아이가 함께 대화를 나눌 수 있는 소파나 식탁 등은 아이가 자신의 감정을 말로 표현하면서 정서적 지지를 받을 수 있는 장소가 되어준다.

자연은 실내외에 상관없이 아이의 정서 안정과 스트레스 완화에 중요한 역할을 한다. 실내에서는 원목 가구, 자연을 모티브로 한 벽지와 장식물, 자연 경관을 볼 수 있는 창문 등이 아이에게 심리적 이완과 평온함을 선물한다. 실외에서는 아이가 흙을 만지거나 나뭇잎, 작은 곤충 등을 관찰하며 자연과 교감하는 경험이 스트레스 해소 및 정서적 균형 유지에 도움이 된다.

아이의 사회 발달을 위한 공간:
관계를 배우는 과정

⑤

아이의 사회 발달은 타인과의 상호 작용을 통해 관계를 형성하고 협력하며 사회적 규범을 이해하는 과정이다. 지금까지 이야기한 신체·인지·정서 발달과 마찬가지로 아이의 사회 발달 또한 공간과 밀접하게 연관되어 있다.

아이의 사회 발달을 위해서는 협력과 소통을 촉진하는 공간이 필수적이다. 사실 이러한 공간은 특별할 게 없다. 보통의 놀이 공간에 함께 가지고 놀 수 있는 도구나 장난감을 비치해 아이들이 자연스럽게 협력할 기회를 마련해주면 된다. 예를 들어 아이들이 다 같이 모여 대형 블록이나 퍼즐을 맞추는 과정은 협력의 중요성을 가르칠 뿐만 아니라 대화와 소통의 장이 될 수도 있다. 또 병원, 부엌, 슈퍼마켓, 소방서 등 역할 놀이 세트가 준비된 공간에서는 아이가 특정 역할을 맡아 친구들과 어울리면서 공감 능력과 책임감을 익힐 수 있다. 이때 모듈형 가구나 커다란 천을 활용해 적절히 놀이 공간을 변형한다면 아이의 사회적 기술과 상상력이 더욱 발달할 수 있을 것이다.

그런가 하면 공공 공간은 다양한 연령대의 아이들이 자연스럽게 교류하며 사회적 관계를 형성할 수 있는 무대다. 아이는 놀이터에서 그네, 미끄럼틀, 정글짐 등 다양한 놀이 기구를 사용하기 위해 차례를 기다리고 규칙을 지키면서 여러 사회적 기술을 익힐 수 있다.

사회적 관계에서 갈등은 피할 수 없지만, 이를 효과적으로 해결하는 능력 역시 중요한 사회적 기술이다. 갈등 해결을 연습하는 공간도 분명히 따로 있다. 놀이 공간이나 교실 한쪽에 마련된 조용한 대화 코너는 아이들이 갈등 상황에서 서로의 의견을 나누고 타협점을 찾는 데 도움을 준다. 또 둘 이상의 아이들이 함께해야 작동하는 놀이 기구는 자연스럽게 협력과 갈등 해결 능력을 동시에 연습하는 기회를 제공한다.

● Chat GPT로 구현한 아이의 사회 발달에 적합한 내부 공간과 외부 공간.

아이의
연령에 따른
공간 육아

아이의 연령에 맞는 공간은 따로 있다

①

아이의 성장 과정은 연령에 따라 다르다. 이때 연령은 단순히 나이를 나타내는 숫자가 아니라, 시기마다 아이가 겪는 신체적·정서적·인지적·사회적 변화와 요구를 이해하는 중요한 지표다. 아이의 각 연령대에 맞는 공간은 이러한 변화와 요구를 반영하면서 아이가 편안함을 느끼는 동시에 도전을 경험할 수 있어야 한다. 또 아이의 발달과 학습도 효과적으로 지원해야 한다. 이를 통해 아이는 자신감을 가지고 창의성을 발휘하며 건강하고 균형 잡힌 성장으로 나아갈 수 있다.

영유아기(0~2세):
감각을 자극하고 안정감을 주는 공간

②

영유아기는 아이의 뇌와 감각 발달이 가장 활발하게 이뤄지는 시기다. 이 시기의 아이는 주로 감각적 자극과 움직임을 통해 세상을 탐구하는데, 이때 뇌의 신경망이 강화되며 성장한다. 따라서 영유아기의 공간은 아이의 감각을 충분히 자극하는 동시에 안정감과 안전을 보장해야 한다.

우선 아이의 시각적 자극을 위해 밝은 색상의 벽지와 패턴이 있는 모빌, 명확한 선과 색감을 가진 그림이나 장난감을 배치한다. 흑백 대비가 뚜렷한 모빌은 신생아의 초기 시각 발달에 효과적이며, 이후에는 빨강, 노랑, 파랑 등 원색을 활용한 장난감이나 소품으로 시각적 흥미를 유발할 수 있다. 아이의 청각적 자극을 위해서는 잔잔한 클래식 음악이나 새소리, 빗소리와 같은 자연의 소리로 공간을 채우면 효과적이다. 또 딸랑이, 사운드북 등 소리 나는 장난감은 소리의 원인을 탐구하고 반응하는 데 도움이 된다. 아이의 촉각적 자극을 위해서는 부드러운 담요, 푹신한 쿠션, 다양한 질감의 장난감(말랑한 블록, 봉제 인형, 실리콘 치발기 등)을 준비해 직접 만지고 느낄 수 있는 환경을 만들어준다. 이때 바닥에 부드러운 카펫이나 촉감 매트를 깔면 아이가 안전하게 움직이면서 다양한 촉각을 경험할 수 있다.

영유아기는 대근육과 소근육의 발달이 시작되는 시기로, 자유롭게 움직이면서 탐색할 수 있는 공간 역시 필요하다. 이를 위해 안전한 매트가 깔린 넓은 공간을 확보하면 좋다. 그곳에 작은 터널이나 블록을 배치해 다양한 움직임을 시도하도록 돕고, 걸음마 보조기나 낮은 손잡이를 활용해 균형을 잡으며 걷는 연습도 지원한다. 그리고 낮은 높이의 구조물(폼 블록, 미니 계단 등)로는 대근육 발달을, 작은 공이나 말랑한 장난감으로는 소근육 발달을 도모할 수 있다.

수면 공간은 온화한 조명과 부드러운 침구로 꾸며 아이에게 안정감을 줄 수 있어야 한다. 또 차분한 색상의 벽지와 은은한 조명을 활용해 편안함도 느끼게 하면 더욱 좋다. 여기에 아이가 좋아하는 부드러운 인형이나 담요를 가까이에 두면 정서적 유대감까지 강화할 수 있다.

부모와 아이가 함께 시간을 보낼 수 있는 아늑한 공간도 무엇보다 중요하다. 이러한 공간은 부모와 아이가 놀이나 대화 등을 함께할 수 있는 환경을 만들어주는데, 이는 아이가 사랑받고 보호받는 느낌을

● Chat GPT로 구현한 영유아기 아이의 발달을 위한 내부 공간과 외부 공간.

강화하는 데 도움이 된다. 그런가 하면 아이가 스스로 감정을 정리할 수 있는 개인 공간도 필요하다. 작은 텐트나 쿠션으로 둘러싸인 공간은 아이가 안전하게 혼자만의 시간을 보내면서 정서적 안정감을 얻도록 이끌어준다.

아동기(3~6세):
놀이를 통해 세상을 탐구하는 공간

③

아동기는 창의력과 사회성이 급격히 발달하는 시기로, 이 시기의 아이는 놀이를 통해 세상을 탐구하고 상상력을 발휘하며 또래와 협력하는 법을 배운다. 따라서 아동기의 공간은 창의적 사고와 문제 해결 능력을 키우는 동시에, 사회적 상호 작용과 신체 발달을 지원하도록 설계되어야 한다.

잘 구성된 놀이 공간은 아동기의 발달을 이끄는 중요한 요소다. 다양한 블록과 퍼즐은 아이의 공간 지각 능력과 논리적 사고를 자극하는데, 이때 블록을 조립하고 해체하는 과정은 공간 관계를 탐구할 수 있게 하고, 퍼즐은 문제 해결 및 패턴 인식 능력을 강화시킨다. 또 병원, 부엌, 소방서 등 역할 놀이는 아이가 여러 사회적 역할을 간접적으로 체험할 수 있도록 돕는다. 아이는 병원 놀이를 통해 의사, 간호

Chat GPT로 구현한 아동기 아이의 발달을 위한 내부 공간과 외부 공간.

143

사, 환자 역할을 해보면서 타인을 이해하고 공감하는 능력을 기를 수 있다. 그리기와 만들기 등을 할 수 있는 공간 역시 아이가 다양한 재료와 도구(종이, 점토, 물감 등)로 자신의 아이디어를 시각적으로 표현하며 창의력을 키울 기회를 제공한다.

아동기의 공간은 사회적 상호 작용을 촉진하는 환경을 포함해야 한다. 큰 테이블이나 공용 장난감(대형 퍼즐, 레고 세트 등)은 단체 놀이를 유도해 아이들이 함께 목표를 설정하고 의사소통하며 협력하는 방향으로 나아가게 한다. 이때 부드러운 쿠션이나 방석 등을 사용해 아늑한 분위기의 분리된 공간을 만들면 아이가 놀이 중간에 감정을 안정시키고 친구들과 건강한 소통을 이어가는 데 도움이 된다.

아동기에는 신체 활동을 지원하고 탐구심을 자극하는 공간이 꼭 필요하다. 이 시기의 아이는 활발히 움직이면서 대근육과 소근육을 발달시키므로 클라이밍 벽, 균형 잡기 도구 등 놀이 시설이 있는 공간을 활용하면 좋다. 클라이밍 벽은 상체 근육을 강화하는 동시에 문제 해결 능력을 키우는 데 효과적이며, 균형 잡기 도구는 몸의 균형을 유지하고 운동 신경을 발달시킬 기회를 제공한다. 또 미로 구조의 놀이 공간은 아이의 탐구심을 자극하고 방향 감각과 문제 해결 능력을 키워준다. 그리고 특정 테마(정글, 우주 등)를 적용한 놀이 공간은 아이의 상상력을 자극하며, 모래 놀이, 물놀이, 잔디 매트 등 촉각적 자극 요소를 포함한 감각 놀이 공간은 아이가 감각을 활용하면서 신체와 환경 간의 관계를 이해하도록 도와준다.

학령기(7~12세):
학습, 창의적 활동, 사회성을 위한 공간

④

    학령기는 논리적 사고와 문제 해결 능력이 본격적으로 발달하는 시기로, 이 시기의 아이는 학습, 창의적 활동, 또래와의 관계를 통해 다방면으로 성장한다. 이를 위해 학령기의 공간은 학습에 집중할 수 있는 환경, 창의적 활동을 위한 작업 공간, 협력과 소통을 촉진하는 사회적 공간으로 구성되어야 한다.

    학습 공간은 집중력을 높이는 방향으로 설계해야 한다. 학교에서 배운 내용을 복습하고 새로운 정보를 습득하기 위해 조용히 집중할 수 있는 환경이 필수적이다. 자연광이 충분히 들어오는 밝은 공간은 뇌의 전두엽을 활성화하여 집중력과 기억력을 높이는 데 도움을 준다. 여기에 외부 소음을 차단하고 백색 소음을 활용하면 학습 분위기를 조성할 수 있다. 아이의 몸에 맞춘 인체 공학적인 책상과 높낮이

조절이 가능한 의자는 올바른 자세를 유지하게 한다. 잘 정리된 책상과 책장은 학습용품을 체계적으로 관리할 수 있게 하여 정리 정돈 습관과 학습 효율성을 높여준다.

창의적 활동을 위한 작업 공간은 아이의 상상력과 탐구심을 자극해야 한다. 큰 작업 테이블과 작품을 전시할 수 있는 벽면 공간을 마련하면 아이는 자기만의 작품을 만들어서 채우며 성취감을 느낄 수 있다. 또 과학 실험과 탐구를 위한 공간도 아이의 호기심을 자극하는 데 필수적이다. 실험 도구나 키트를 갖춘 환경은 아이가 새로운 원리

를 탐구하고 문제를 해결하는 경험을 하게 할 뿐만 아니라 자기 주도
적 학습까지 촉진한다. 그리고 다양한 주제의 책과 자료가 있는 공간
은 아이가 필요한 정보를 스스로 찾고 활용하는 능력을 키울 수 있도
록 이끌어준다.

사회성을 발달시키는 공간은 또래 친구들과의 협력과 소통을 지
원해야 한다. 공용 공간에서 아이들은 함께 과제를 수행하거나 놀면
서 협력과 소통 능력을 배울 수 있다. 예를 들어 모둠 그림 그리기, 대
형 퍼즐 맞추기, 보드게임 등의 활동은 아이에게 이러한 능력의 중요

성은 물론 규칙과 팀워크까지 자연스럽게 학습시킨다. 그런가 하면 솔직한 감정 표현을 위한 아늑한 공간 역시 중요한데, 부드러운 쿠션이나 소파를 두면 아이가 친구와 대화를 나누면서 자신의 감정을 표현하고 타인의 의견을 경청하며 더 나아가 갈등을 해결하는 능력까지 키울 수 있다.

청소년기(13~18세):
취향과 욕구를 반영하는 공간

⑤

청소년기는 자아 정체성을 형성하고 독립심을 강화하며 자신의 감정과 생각을 표현하는 중요한 시기다. 이 시기의 공간은 아이의 심리적·정서적·학습적 요구를 충족시키며 개인적 취향과 자기표현의 욕구를 반영하는 방향으로 설계해야 한다.

청소년기의 학습 공간은 자율적이고 집중적인 학습 환경을 제공하는 동시에 아이가 학업에 책임감을 느끼고 스스로 목표를 설정하면서 공부할 수 있도록 도와야 한다. 그러기 위해서는 아이의 학습 스타일과 취향을 반영하고, 키와 체형에 맞는 책상과 의자를 준비하며, 충분한 수납 공간을 마련해야 한다. 또 조명은 밝고 조절 가능한 형태로 선택해 시력을 보호하고, 벽면에는 아이가 좋아하는 포스터나 명언 등을 배치해 정체성을 부여하면 좋다. 컴퓨터나 태블릿 PC를 활용할 수 있는 곳은 별도로 마련하고, 화이트보드나 코르크 보드를 설치해 학습 목표와 계획을 시각적으로 관리할 수 있게 한다.

청소년기는 학업, 대인 관계, 진로 고민 등으로 인해 스트레스를 받기 쉬운 시기로, 이를 해소하고 정서 안정을 유지할 수 있는 공간도 필요하다. 여력이 있다면 부드러운 담요와 쿠션, 편안한 의자나 소파로 꾸민, 아이만을 위한 개인 공간을 만들어주면 효과적이다. 휴식뿐만 아니라 독서, 음악 감상, 명상, 자기 성찰 등을 위한 다목적 공간으로 활용할 수 있기 때문이다.

청소년기 아이는 자신의 감정을 표현하고 정체성을 확립하는 과정에 있다. 이를 위해서는 음악, 미술, 글쓰기, 사진 등 다양한 창작 활동을 지원하는 공간 역시 필요하다. 이 공간은 도구와 재료를 정리할 수 있는 수납 공간과 활동에 적합한 작업 공간으로 구성되며, 아이가 자기만의 아이디어를 표현할 수 있도록 이끈다. 이때 아이에게 직접 공간을 꾸밀 기회를 준다면 아이는 공간을 통해 자신의 정체성을 드러내고 창의적인 아이디어를 실현하는 즐거움을 느낄 수 있을 것이다.

　● Chat GPT로 구현한 청소년기 아이의 발달을 위한 내부 공간과 외부 공간.

Part 3

아이를 키우는 공간에는 뭔가 특별한 것이 있다

아이를 키우는 공간
vs
아이를 망치는 공간

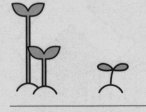

아이를 키우는 공간

🏠 자기 주도성을 키우는 공간

아이가 자유롭게 탐구하고 실험할 수 있는 공간에서 자기 주도성이 자라난다. 이 공간은 아이의 흥미와 개성을 오롯이 반영할 만큼 유연하며 아이 스스로 계획하고 실행할 기회를 제공한다. 자기 주도성을 키우는 공간에서 아이는 사고력을 확장하고, 실패를 두려워하지 않으며, 스스로 문제를 해결하고, 새로운 아이디어를 기꺼이 시도하는 능력을 배양할 수 있다. 아이 방의 한쪽 벽면에 화이트보드를 설치해두면 아이가 자기만의 방식으로 자유롭게 그림을 그리거나 글을 쓰게끔 만들어 자기 주도성을 키우는 데 도움을 줄 수 있다.

● 아이가 공구를 활용해 새로운 시도를 하면서 자기 주도성을 키우는 공간.

🏠 자연과 연결된 공간

자연과 연결된 공간은 실내와 실외를 통합하여 아이가 자연과 직접 상호 작용할 수 있는 공간이다. 이 공간은 정원이나 텃밭처럼 실제 자연 공간일 수도 있고, 자연광이나 식물처럼 자연적인 요소를 경험하는 공간일 수도 있다. 자연은 스트레스를 줄이고 정서적 안정감을 제공하며 자연 관찰과 바깥 놀이 등 신체 활동을 통해 건강한 생활 습관을 형성하도록 돕는다. 또 자연과의 상호 작용은 아이의 탐구심과 호기심을 자극해 균형 잡힌 발달을 지원한다. 교실에서 뒤뜰로 나가는 문, 실내에 두는 다양한 화분 등은 자연과 연결된 공간을 잘 보여준다.

● 북카페 독서 공간의 중앙에 큰 나무를 배치해 자연과 연결된 공간을 만든 천호청소년문화의집.

🏠 비밀 공간

비밀스런 공간은 아이에게 숨을 곳 이상의 의미를 가진다. 아이가 독립성과 자율성을 경험하면서 외부 간섭 없이 자기만의 세계를 탐구할 수 있으며 정서적 안정감을 높이고 상상력과 창의력을 발휘할 기회를 제공하기 때문이다. 작은 텐트, 빈 상자, 옷장 속 공간, 나무 집, 동굴처럼 아늑한 비밀 공간은 아이가 나만의 이야기를 만드는 무대로, 아이의 내면을 확장시키고 상상력을 키운다.

우리 아이가 아주 어렸을 때 다녔던 일본의 보육원(어린이집)에는 아이들을 위한 비밀 공간이 있었다. 나는 그 공간을 마주하고 처음에

● 아이를 위한 비밀 공간인 나무 집이 있는 서울시 강동구립둔촌도서관.

는 '저런 공간을 굳이 꼭 만들어야 하나?'라는 의아한 생각이 들었다. 당시만 해도 비밀 공간이 아이에게 어떤 의미인지 전혀 이해하지 못했기 때문이다. 우리 아이 역시 잘 놀다가도 어딘가 숨으려는 행동을 종종 했지만, 당시의 나는 그 의미를 깨닫지 못했다. 이제 와서 돌이켜보면, 그때의 나는 참으로 부족한 엄마였다는 생각이 든다. 만약 보육원에 그런 비밀 공간이 없었다면 아이가 얼마나 불안해했을지 상상조차 하기 어렵다.

집에도 아이만의 비밀 공간은 꼭 필요하다. 개방적인 구조로만 이뤄진 집은 아이에게 자신을 돌아볼 여유를 제공하지 못할 가능성이 크다. 혼자만의 시간을 보낼 수 있는 아늑한 공간은 아이가 정서적으로 안정되고 상상력을 키우는 데 중요한 역할을 한다. 물론 도서관, 키즈 카페 등 아이를 위한 시설에도 비밀 공간은 필수적이다. 나는 아이를 위한 공간 작업에 참여할 때마다 비밀 공간을 꼭 넣는데, 서울시 강동구립둔촌도서관의 나무 집은 여전히 큰 인기를 끌고 있어 볼 때마다 반갑다. 가능하다면 가정에서도 아이를 위한 작은 비밀 공간을 꼭 마련해주자.

⌂ 감각을 자극하고 학습을 지원하는 공간

감각을 자극하고 학습을 지원하는 공간은 다양한 색상과 질감의 디자인 요소를 가미함으로써 아이를 발달시키는 공간이다. 이 공간은 조명, 벽, 전자 기기 등이 제공하는 감각적 경험을 통해 아이가 세상을 이해하도록 돕는다. 또한 새로운 것을 탐구하고 학습에 흥미를 느끼게 하며 인지 발달과 문제 해결 능력을 강화한다. 예를 들어 유치원 벽에 다양한 질감의 패널을 설치한 다음에 색상이 변하는 조명을 활용하면 아이가 공간을 감각적으로 탐색하도록 유도할 수 있다. 또는 터치스크린과 인터랙티브 디스플레이를 도입해 아이가 직접 환경과 상호 작용하며 학습할 기회를 제공할 수도 있다.

● 레고로 독특하게 설계된 벽을 활용해 감각을 자극하고 학습을 지원하는 공간.

🏠 사회적 상호 작용을 촉진하는 공간

사회적 상호 작용을 촉진하는 공간은 아이가 타인의 생각을 이해하고 갈등을 해결하며 협동심을 키워나가는 공간이다. 이 공간은 공동 작업을 위한 넓은 테이블, 협동을 장려하는 놀잇감, 가족 및 또래와 소통할 수 있는 열린 환경으로 구성되는데, 아이가 다른 사람과 소통하고 협력하는 기술을 익히면서 건강한 대인 관계를 형성하는 데 도움을 준다.

사회적 상호 작용을 통해 아이는 의사소통 능력을 발달시키고 더불어 사는 삶의 가치를 자연스럽게 체득하게 된다. 가정에서 거실에

● 아이들이 모여서 여러 가지 활동을 하며 사회적 상호 작용을 촉진하는 공간.

넓은 테이블에 놓아 온 가족이 함께 보드게임을 하는 모습, 학교에서 아이가 재배치된 책상에 모둠별로 앉아 이야기를 나누는 모습은 사회적 상호 작용을 촉진하는 공간의 좋은 예라고 할 수 있다.

아이를 망치는 공간

②

🏠 과도한 자극이 있는 공간

강렬한 색상, 반짝이는 조명, 끊임없는 소음, 디지털 기기의 과잉 사용 등은 아이의 신경계를 지나치게 흥분시켜 건강한 발달에 걸림돌이 된다. 이러한 공간이 아이에게 미치는 부정적인 영향은 크게 3가지로 나타난다.

첫째, 지나치게 화려한 색상과 조명은 아이에게 불안감을 조성하며, 이는 수면 장애와 스트레스를 불러일으킬 수 있다. 둘째, 과도한 시각적·청각적 자극은 아이의 집중력을 방해하고 학습과 놀이의 효율을 떨어뜨린다. 셋째, 디지털 기기의 남용은 즉각적인 자극에만 익숙하게 하여 아이가 새로운 아이디어를 상상하거나 탐구하는 능력을 제한시킬 수 있다.

이러한 문제를 해결하기 위해서는 아이가 머무는 공간의 색상을 차분한 파스텔 톤으로 바꾸고 조명을 자연광에 가깝게 조정하는 것이 좋다. 또 디지털 기기의 사용 시간을 제한하여 아이의 신체 활동을 늘리고 상상력을 발휘하는 시간을 가질 수 있게 해야 한다. 그러면 아이의 정서적 안정감과 집중력을 회복시킬 수 있다.

🏠 지루한 공간

단조로우면서 별다른 변화가 없는 정적인 환경은 아이의 뇌를 지루하게 만든다. 이러한 공간이 아이에게 미치는 부정적인 영향 역시 크게 3가지로 나타난다.

첫째, 단조로운 공간은 아이의 탐구심을 억제하여 새로운 것을 살펴보거나 상상하려는 의욕을 감소시킨다. 둘째, 변화가 없는 정적인 환경은 아이에게 권태감을 유발하고 장기적으로는 정서적 무기력을 증가시킨다. 셋째, 자극이 부족한 공간은 아이가 학습이나 놀이 활동에 흥미를 느끼지 못하게 하여 학습 동기를 저하시킨다.

지루한 공간이 가진 문제를 해결하기 위해서는 다양한 색상을 추가하거나 학습 자료를 배치하는 등 아이가 창의력을 발휘할 수 있는 환경을 조성하는 것이 중요하다. 학교 복도에 밝은 색상의 그림을 걸거나 집 안에 다양한 식물 화분을 놓는 등 주변 환경과 교감할 기회를 제공하면 아이는 더 많은 흥미와 탐구심을 느끼게 될 것이다.

🏠 지나치게 제한적이고 구조화된 공간

학습만을 위한 공간으로 구성되거나 지나치게 제한적이고 구조화된 공간은 아이에게 3가지 부정적인 영향을 미친다.

첫째, 놀이 요소가 배제된 환경은 아이의 창의력을 억제하여 자유롭게 상상하거나 실험할 기회를 빼앗는다. 둘째, 정해진 활동만 반복하는 구조화된 환경은 아이의 자율성을 떨어뜨려 스스로 탐구하면서 배우는 능력을 약화시킨다. 셋째, 학습만을 목적으로 한 공간은 아이에게 부담감을 심어주고 결국 학습을 즐기지 못하게 만든다.

그래서 학습과 놀이를 결합한 환경을 설계하는 것이 중요하다. 책상 옆에 작은 놀이 코너를 마련하거나 벽 한쪽을 화이트보드로 꾸미는 등 학습과 놀이를 함께할 수 있는 환경을 제공하면, 아이는 학습에 대한 부담을 줄이고 창의적으로 성장할 기회를 얻을 수 있다.

⌂ 부모의 편견이 반영된 공간

부모의 욕심과 기준에 따라 설계된 공간은 아이의 개성을 억누르고 정서적 안정감을 저해한다. 이러한 공간은 부모의 취향만을 강조하여 아이가 공간에 대한 흥미와 소속감을 느끼지 못하게 만들고, 아이에게 2가지 부정적인 영향을 미친다. 첫째, 자신의 취향과 관심사를 반영하지 못한 공간에서 아이는 주체성과 자율성을 느끼지 못한다. 둘째, 부모의 규칙과 통제가 강한 환경은 아이가 자유롭게 창의적 표현을 할 기회를 감소시킨다.

부정적인 영향을 해소하려면 부모는 아이에게 자신의 공간을 꾸미고 관리할 기회를 충분히 줘야 한다. 부모가 공간을 설계하면서 아이의 의견을 존중하고 반영한다면 아이는 그 공간에 대해 자부심과 소속감을 느끼게 될 것이다. 이는 아이의 정서 안정과 창의력의 발달에도 긍정적인 영향을 미친다.

아들의 공간
vs
딸의 공간

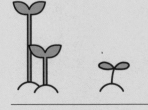

아들과 딸은 어떻게 다를까?
(feat. 뇌 발달)

딸로 태어난 엄마는 죽었다가 깨어도 이해할 수 없는 존재가 아들이라는 말이 있다. 이런 차이는 결국 남성과 여성의 뇌 구조와 기능적 차이에 뿌리를 두고 있다.

나는 23년간 경관 디자인 회사를 운영하면서 남녀 직원들의 차이를 직접 경험했다. 남자와 여자는 생각, 행동, 업무에서 뚜렷한 차이를 보였다. 물론 모두가 그랬던 것은 아니지만, 대체로 남자는 구조를 만들거나 체계적인 정리를 잘했고, 여자는 디자인과 세부적인 내용에서 두각을 나타냈다. 엄마가 아이를 키우는 데 연구가 필요한 이유는 바로 아들의 뇌와 엄마의 뇌가 다르기 때문이다. 여성인 엄마는 남성인 아들을 이해하기 위해 남성과 여성의 뇌 차이를 알아야 한다. 이는 아빠도 마찬가지다.

🏠 남성의 뇌 vs 여성의 뇌

뇌 과학이 발전하면서 남성의 뇌와 여성의 뇌는 구조적으로나 기능적으로 다르다는 사실이 밝혀졌다. 그동안의 연구에 따르면 남성은 시각적·공간적 능력에서 우수하고, 여성은 언어와 감정 처리에서 뛰어난 능력을 보이는데, 이는 아이가 세상을 인식하고 반응하는 방식에도 영향을 미친다. 이러한 성별의 차이를 정확하게 이해하고 받아들이는 것이 육아의 첫걸음이라고 할 수 있다.

사실 뇌 발달에는 호르몬도 중요한 역할을 한다. 남성과 여성의 뇌는 성호르몬의 영향을 받는데, 일반적으로 남성에게서 더 많이 분비되는 테스토스테론은 공격성, 경쟁심, 공간 지각 능력과 관련이 있고, 여성에게서 더 많이 분비되는 에스트로겐은 감정 처리, 사회적 상호 작용, 언어 능력과 관련이 있다.

그뿐만 아니라 사회적·문화적 기대와 교육 역시 뇌 발달과 기능에 영향을 미친다. 성장 과정에서 남자아이는 공간적 놀이(블록 쌓기, 퍼즐 등)를 더 많이 경험해 시각적·공간적 능력이 발달할 가능성이 크고, 여자아이는 언어적 상호 작용과 감정 표현을 독려받아 언어와 감정 처리 능력이 강화될 가능성이 크다. 따라서 성장하는 아이에게는 성별에 구애받지 않는 균형 잡힌 환경을 제공하는 것이 무엇보다 중요하다.

⌂ 놀이와 학습 방식의 차이

뇌의 구조와 기능의 차이는 남자아이와 여자아이가 선호하는 놀이와 학습에도 차이를 가져온다. 대개 남자아이는 구조적이고 역동적인 활동을 좋아해서 블록 놀이나 축구, 농구 등의 스포츠를 즐기는데, 이런 활동은 공간적 사고와 신체 능력 발달에 긍정적인 영향을 미친다. 반면에 여자아이는 언어적이고 창의적인 활동을 선호하는 경향이 있어 이야기책을 읽거나 인형 놀이 등을 하면서 언어 능력과 감정 표현을 발달시킨다.

부모는 남성과 여성, 즉 아들과 딸의 뇌 발달 특성을 이해하고, 그에 맞는 양육 방식을 적용함으로써 아이가 잠재력을 최대한 발휘할 수 있도록 도와야 한다. 이를테면 아들의 공간적 능력을 키우기 위해 블록 놀이와 스포츠 활동을 제공하고, 딸의 언어 능력과 감정 표현을 향상시키기 위해 책 읽기와 역할 놀이를 지원하는 것이 필요하다. 이는 아이가 자신의 강점을 살려 성장하고 발달할 수 있도록 이끌어주는 효과적인 양육 방법이다.

그러나 모든 아이가 성별에 따라 뇌의 구조나 기능에서 비슷한 성향을 보이는 것은 아니다. 남자아이 중에도 여성성이 높은 아이가 있고, 여자아이 중에도 남성성이 높은 아이가 있다. 그렇기에 부모는 아이의 개별적인 성향과 흥미를 존중하고, 그에 맞는 경험과 기회를 제공해야 한다. 즉, 아이가 자신의 능력과 성향을 최대한 발휘할 수 있도록 지원하는 것이 중요하다는 뜻이다. 앞에서도 언급했지만, 뇌는 경험과 학습에 따라 변하는 신경가소성을 가지고 있다. 이는 성별 간의 차이가 절대적이지 않으며 환경적 요인, 즉 공간에 의해 긍정적으로 또는 부정적으로 변할 수 있음을 의미한다.

아들과 딸, 모두를 위한 공간의 조건

②

🏠 아들과 딸의 공간은 언제 달라져야 할까?

아들과 딸의 공간을 성별에 따라 조금씩 다르게 구성하는 것은 아이가 자신의 선호와 흥미를 뚜렷하게 드러내는 시점부터 효과적이다. 아이마다 다르지만, 일반적으로 이 시기는 대략 2~3세부터 시작된다. 3세 이후부터는 성별에 따른 공간 구성이 아이에게 미치는 영향이 분명해지므로, 이때부터 성별에 따른 공간을 고려하면 좋다.

영유아기(0~2세)의 아이는 성별과 관계없이 다양한 자극을 받는 게 우선이다. 이 시기의 아이에게 중요한 것은 감각적 탐색을 장려하는 공간을 조성하는 것이다. 다양한 색상의 블록, 부드러운 촉감의 장난감, 마음껏 움직일 수 있는 안전한 공간을 제공하여 아이가 시각과 촉각 자극을 경험할 수 있게 해야 한다. 이러한 자극은 아이의 감각 발달을 촉진하고 초기 뇌 발달에 중요한 영향을 미친다.

아동기(3~6세)의 아이는 성별 정체성을 인식하기 시작하며 성별에 따른 놀이 선호도가 점점 분명해진다. 아들은 레고 블록을 쌓고 조립하면서 공간적 사고와 문제 해결 능력을 키우고, 딸은 인형 놀이를 하면서 사회적 상호 작용과 감정 표현 능력을 발달시킨다. 이쯤부터 부모는 아이의 성별에 따른 공간 구성을 고려해볼 수 있다. 그러나 무엇보다 중요한 것은 아이에게 강요하지 않는 일이다.

학령기(7~12세)에 접어들면서 아이는 좋아하는 취미와 학습이 점점 뚜렷해진다. 이때 부모는 충분한 대화를 통해 아들과 딸 각자에게 맞는 학습, 독서, 놀이 공간을 구성하여 발달을 지원하는 환경을 마련해주는 게 좋다.

아들의 어린 시절, 나는 물건을 살 때 항상 아들과 함께 가서 직접 선택하도록 했다. 정확히 아동기와 학령기 중간(5~7세)까지 아들은 노란색을 굉장히 좋아했는데, 티셔츠, 바지, 양말, 신발, 가방, 모자 등을 온통 노란색으로 물들일 정도였다. 심지어는 이불과 그릇까지 노란색을 원했다. 보통의 남자아이가 보이는 모습과는 달랐지만, 어차피 더 크면 변할 텐데 하면서 존중해줬다. 이후 내 생각이 딱 들어맞아 지금 아들의 옷장에는 노란색이 거의 없다. 초등학생이 되면서 파란색으로 바뀌고, 다음으로는 하늘색, 중학생이 되면서 흰색으로 바뀌었다.

또 아들은 한때 인형을 정말 좋아했는데 이런 취향도 중학생이 되면서부터 사라졌다. 그때부터 성별 정체성을 신경 쓰기 시작한 듯하다. 마치 나이마다 정해진 취향이나 특성이 있기라도 한 것처럼 말이다. 결국 가장 중요한 것은 성별이 아니라 아이 그 자체다. 아이가 부모의 생각과 조금 다르더라도 아이만의 취향과 특성을 존중하는 게 중요하다.

———

"모든 아이는 각각의 특별한 방법으로 배우고 성장한다.
그러므로 그들의 환경 또한 그들의 필요와 흥미에 맞춰야 한다."

– 켄 로빈슨 *Ken Robinson*

———

🏠 아들과 딸의 공간은 어떻게 달라야 할까?

아들을 위한 공간 디자인

아들의 뇌 발달을 촉진하기 위해서는 신체 활동을 중심으로 공간을 구성하는 게 효과적이다. 클라이밍 벽, 미끄럼틀, 복합 모험 놀이 시설 등의 공간 요소는 아들이 신체적 한계를 시험하고, 대근육을 발달시키며, 공간 지각 능력과 문제 해결 능력을 키울 수 있도록 돕는

● Chat GPT로 구현한 아들의 공간.

다. 나는 아들이 생후 6개월이 되었을 때쯤 집 안에 실내용 복합 모험 놀이 시설을 설치했다. 여기에는 정글짐, 계단, 미끄럼틀이 포함되어 있었고, 정글짐은 아들의 성장에 따라 높이를 조정할 수 있었다. 아들 은 이 공간이 좋았는지 늦은 밤에도 어둠 속에서 정글짐 놀이를 즐기 곤 했다.

● Chat GPT로 구현한 딸의 공간.

딸을 위한 공간 디자인

딸의 뇌 발달을 촉진하는 공간은 창의력과 감정 표현을 지원할 수 있어야 한다. 그리기, 만들기 등 전방위적인 창작 활동을 위한 공간을 마련하고, 아이가 자유롭게 감정을 표현할 수 있는 안전하고 편안한 환경을 제공해야 한다. 그림 그리기, 노래 부르기, 이야기 만들기 등 창의적인 놀이 및 학습 공간을 조성함으로써 아이가 자신의 감정을 효과적으로 표현하고 언어 능력을 발달시킬 수 있도록 이끌어준다.

🏠 아들과 딸의 공간은 각각 이상적일 수 있을까?

부모는 아들과 딸을 위한 공간을 만들 때 뇌 발달의 차이를 고려하는 것도 좋지만, 결국 가장 중요한 것은 성별과 관계없이 모든 아이가 자신의 성향에 맞는 활동을 탐색할 수 있는 유연한 공간을 제공하는 일이다. 사실 클라이밍 벽은 아들뿐만 아니라 활동적인 딸에게도 매력적일 수 있다. 또 아기자기한 창작 활동 공간을 내성적인 아들이 더 좋아하고 유용하게 느낄 수도 있다.

실제로 집에 작은 클라이밍 벽과 창작 활동 공간을 동시에 설치해 아이가 신체 활동과 창의적 활동을 자유롭게 선택해서 경험할 수 있게 하면, 아이는 하나의 공간만을 마주했을 때보다 다양한 능력을 발휘할 기회를 가질 수 있다. 거듭 강조하자면, 아들이나 딸 모두 자신의 잠재력을 최대한 발휘하면서 건강하고 균형 잡힌 성장을 이루기 위해서는 충분히 탐색할 수 있는 공간이 필요하다.

"아이들은 스스로의 개성과 욕구를 지닌 개체로 성장해야 한다.
그들의 공간은 개성을 지원하고 격려해야 한다."

– 아나이스 닌 *Anais Nin*

책 읽는 공간
vs
디지털 공간

책 읽는 공간이라는
가능성

①

책 읽는 공간은 아이의 집중력, 독서 습관, 창의력 발달에 중요한 역할을 한다. 조용하고 편안한 환경은 아이가 책에 몰입하고 깊이 있는 사고를 할 수 있도록 이끌며, 전체적으로 뇌의 전두엽을 활성화해 자기 조절 능력과 인내심을 기르는 데도 긍정적인 영향을 미친다.

책 읽는 공간이 꼭 아이의 방일 필요는 없다. 거실 한쪽에 조용한 공간을 따로 마련해 아이가 편안한 의자나 방석에 앉아 책을 읽을 수 있게 하면 된다. 자연광이 들어오는 창가 옆에 책장을 두고, 눈의 피로를 덜어주는 따뜻한 색온도(조명의 색이 붉은색에 가까울수록 색온도가 낮고, 푸른색에 가까울수록 색온도가 높으며, 단위로는 K(켈빈)를 사용한다)의 조명(3,000~4,000K)을 설치한다. 그러면 아이는 책 읽기에 더 오랜 시간 집중할 수 있고 다양한 책을 접하면서 사고력과 창의력을 키울 수 있다.

책 읽기는 공간도 중요하지만, 누구와 함께하는지도 중요하다. 매일 밤 아이가 자기 전에 부모와 함께 책 읽는 시간을 가지면 아이는 책을 좋아하게 될 뿐만 아니라 독서 습관을 형성하고 언어 발달까지 촉진할 수 있다. 이러한 시간은 아이에게 정서적 안정감을 주고, 더 나아가 가족 간의 유대감을 강화하는 데도 큰 도움이 된다.

디지털 공간의 효과를 극대화하는 방법

②

컴퓨터, 스마트폰, 태블릿 PC 등 디지털 기기는 다양한 학습 자료를 빠르게 여러 형태로 제공하며, 자료에 대한 아이의 반응 속도와 작업 처리 능력을 향상시킬 수 있는 도구다. 하지만 과도하게 사용하면 주의력 감소, 수면 패턴 방해, 정보 처리 능력 저하 등을 초래할 수 있다. 따라서 아이가 사용할 때는 목적에 따른 적절한 기기 선택과 사용 시간의 관리가 중요하다.

모든 공간이 그렇지만, 아이의 학습을 위한 디지털 공간의 경우 더욱더 설계가 중요하다. 우선 아이가 디지털 기기를 사용할 때 편안한 자세를 유지할 수 있도록 의자와 책상의 높이를 조절한 뒤 눈높이에 화면을 맞춘다. 화면이 눈보다 낮으면 목에 무리가 올 수 있기 때문이다. 또 자연광을 최대한 활용하며, 블루라이트의 영향과 눈의 피로를 줄이기 위해 따뜻한 색조의 조명을 사용한다. 더불어 주변 환경은 과도한 자극이 없는 깔끔하고 정돈된 상태로 유지한다.

디지털 공간과 학습 공간은 가능한 한 분리해 아이가 디지털 기기를 지나치게 오래 사용하지 않도록 한다. 부모는 아이의 디지털 기기 사용을 주기적으로 모니터할 수 있는 위치에 기기를 놓아두고, 과도한 사용이나 부적절한 콘텐츠에 노출되지 않도록 최대한 주의해야 한다. 이를테면 아이의 디지털 기기 사용 시간을 하루에 1시간으로 제한하고, 이 시간을 교육용 앱이나 인터랙티브 게임에 할애하도록 하면 효과적이다. 언어 학습 앱을 사용해 새로운 단어를 배우거나 수학 학습 앱에 나오는 문제를 풀어보는 활동은 학습 효과를 극대화한다.

또 다른 의미에서 디지털 공간은 주말에 온 가족이 함께 디지털 디톡스 시간을 마련해 자연 속에서 산책하거나 야외 활동을 즐기는 것이다. 디지털 기기로 인한 과도한 자극에서 벗어나 신체 활동을 하면, 건강을 챙기는 것은 물론 역시 더 나아가 가족 간의 유대감을 강화하는 데도 큰 도움이 된다.

따로 또 같이,
책 읽는 공간과 디지털 공간

③

책 읽는 공간과 디지털 공간을 서로 보완해서 활용하면 아이의 종합적인 뇌 발달에 긍정적인 영향을 미칠 수 있다. 책에서 배운 내용을 디지털 기기를 사용해 확인하거나, 반대로 디지털 기기에서 본 내용을 책에서 찾아 살펴보는 활동은 학습 능력을 고루 발달시키고 정보 접근 방법을 다양화한다.

예전에 나는 아이 방에 학습 공간과 디지털 공간을 함께 배치하되, 두 공간을 서로 등지게 하여 공부할 때 아이의 눈에 디지털 기기가 보이지 않도록 설계했다. 이는 아이가 학습에 집중할 때 디지털 기기의 자극을 피할 수 있도록 도와준다. 물리적으로 학습 공간과 디지털 공간을 분리함으로써 아이는 각 공간에서 자기가 무엇을 해야 하는지를 명확히 구분할 수 있다. 학습할 때는 디지털 기기에서 벗어나 집중할 수 있고, 디지털 기기를 사용할 때는 학습의 압박 없이 오롯이 여가 활동을 즐길 수 있다. 이렇게 두 공간을 시각적으로 분리해놓으면, 아이가 더 효율적으로 시간을 관리하고, 각 공간에 맞는 활동을 자연스럽게 구별할 수 있게 된다는 장점도 있다.

아이가 책에서 읽은 내용을 더 깊이 이해할 수 있도록 디지털 기기를 사용해 관련 다큐멘터리나 교육 영상을 보여주는 것도 효과적이

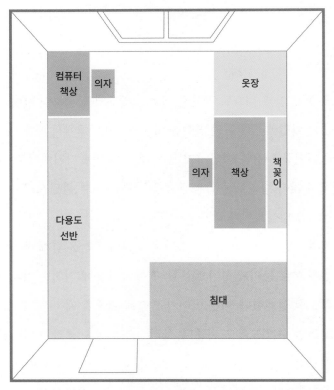

● 책 읽는 공간과 디지털 공간을 모두 고려해 설계한 아이 방 평면도 예시.

다. 책에서 배운 내용을 시각적으로 한 번 더 확인하면서 깊이 있는 이해로 나아가는 활동이 학습 효과를 더욱 높여주기 때문이다. 예를 들어 책에서 읽은 공룡에 대해 더 알고 싶어 하는 아이에게 부모는 디지털 기기를 통해 다양한 공룡 다큐멘터리와 온라인 자료를 제공하여 학습을 확장하고 심화시킬 수 있다.

책 읽기와 디지털 기기는 뇌의 서로 다른 영역을 자극한다. 그렇기 때문에 가장 이상적인 학습 환경은 책과 디지털 기기 각각의 장점을 모두 활용해 아이가 균형 잡힌 인지적·사회적 능력을 개발할 수 있게 이끌어주는 것이다.

곡선 공간
vs
직선 공간

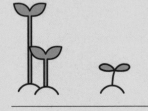

곡선의 효과와
곡선 공간

①

자연에서 흔히 볼 수 있는 곡선은 인간에게 본능적인 편안함과 안정감을 준다. 심리학과 시각 인지 연구에 따르면, 곡선은 시각적으로 편안하게 인식되어 심리적 안정과 긍정적인 감정을 촉진하는 역할을 한다. 뇌 과학적 관점도 비슷한데, 곡선이 포함된 공간을 볼 때 사람의 뇌에서는 스트레스와 관련된 영역인 편도체의 활동이 줄어든다. 이는 곡선이 감정을 진정시키고 불안을 감소시키는 효과가 있다는 사실을 잘 보여준다.

곡선은 자유로운 사고와 창의력을 자극하는 역할도 한다. 부드러운 형태와 자연스러운 선은 특히 아이가 자유롭게 생각하고 상상할 수 있도록 이끌어준다. 이를테면 곡선형 미끄럼틀이나 둥근 모양의 책상은 아이가 창의적으로 문제를 해결하고 새로운 아이디어를 떠올

- 곡선 공간의 독창성과 아름다움을 잘 보여주는 예시.

리는 데 좋은 공간적 요소라고 할 수 있다. 따라서 가정에 곡선형 소파나 책장 등의 가구를 배치하면 아이가 편안함을 느껴 스트레스가 감소하게 된다.

곡선 공간의 대표적인 사례로는 벨기에의 플루케('플루케Pluchke'는 '푹신해 보이는', '솜털 같은'이라는 뜻) 유치원이 있다. 이 유치원은 원내의 모든 가구와 공간을 동글동글한 곡선 형태로 디자인하여 아이에게 자유롭고 편안한 환경을 제공한다. 곡선형 벤치와 책장은 아이가 쉽게 접근할 수 있도록 하고, 곡선형 벽은 안전성을 높이는 동시에 유연하고 창의적인 공간을 만들어준다. 이러한 공간은 아이에게 안정감을 줄 뿐만 아니라 상상력과 창의력까지 자극한다.

곡선 공간을 잘 보여주는 또 다른 예로는 스페인의 건축가 안토니 가우디Antoni Gaudi가 설계한 구엘 공원과 이라크의 건축가 자하 하디드Zaha Hadid가 설계한 동대문 디자인 플라자가 있다. 두 건축물은 곡선의 독창성과 아름다움을 극대화한 사례로 꼽힌다.

직선의 효과와
직선 공간

구조, 질서, 효율을 의미하는 직선 형태의 공간은 주의를 집중시키고 조직적인 사고를 촉진하는 데 유리하다. 예를 들어 직선형으로 배열된 교실의 책상은 학생들이 수업에 집중하고 체계적으로 학습하는 데 도움을 준다. 또 잘 정리된 직선형 서가는 학생들이 필요한 책을 쉽게 찾고 정리하는 습관을 기르는 데 효과적이다.

많은 주의력을 요구하는 직선은 뇌의 전두엽을 자극해 집중력을 높여준다. 직선 공간은 집중력이 필요한 작업에 확실히 유리하지만, 장시간 노출될 경우 스트레스를 증가시킨다는 단점이 있다.

전통적인 교실은 직선 공간을 잘 보여주는 대표적인 사례다. 책상과 의자를 일렬로 배열한 구조화된 환경은 아이에게 명확한 질서와 규칙을 제시하고, 아이가 학습 활동에 집중하면서 과제를 체계적으

● 직선 공간의 집중력 있고 정돈된 환경을 잘 보여주는 예시.

로 수행할 수 있도록 돕는다. 직선형 책상 배열은 아이에게 정돈된 시각적 환경을 제공해 혼란을 줄이고 주의력을 높인다. 또 교사와 학생 간의 상호 작용을 최적화하고 명확한 지침과 목표에 맞춰 학습 활동을 진행할 수 있도록 한다.

직선 공간은 업무 환경에서도 체계적이고 효율적인 작업 흐름을 지원한다. 직선으로 배열된 책상, 서류 보관함, 회의 공간 등은 명확하고 정돈된 구조를 제공해 직원들이 불필요한 혼란 없이 업무에 집중할 수 있도록 돕는다. 특히 직선 설계는 협업과 생산성 증진에도 긍정적인 영향을 미치는데, 직선형으로 배열된 사무 공간은 동료 간의 의사소통을 효율적으로 지원하면서도 개개인의 집중력을 유지시키는 균형 잡힌 환경이라고 할 수 있다.

직선 공간의 또 다른 예로는 도서관이 있다. 도서관은 직선 공간의 장점을 극대화하여 학습과 연구에 최적화된 환경을 제공하는데, 직선으로 배치된 서가는 이용자가 자료를 체계적으로 검색하고 필요한 책을 쉽게 찾을 수 있도록 돕는다. 그뿐만 아니라 직선적 구조는 정보 접근성을 높이고 이용자들이 시간을 효율적으로 관리할 수 있도록 지원한다. 도서관 내 직선적이고 깔끔한 레이아웃은 불필요한 시각적 자극을 줄여 조용한 분위기에서 독서나 학습에 몰두할 수 있게 한다.

이처럼 직선 공간은 명확성과 질서를 통해 심리적 안정감을 주며 시각적 혼란을 줄이고 사용자가 체계적이고 효율적인 방식으로 작업을 수행할 수 있도록 이끈다. 즉, 공간에서 사용자가 명확한 목표와 계획을 세워서 행동하도록 유도하는 것이다.

곡선 공간과
직선 공간이 만날 때

③

"직선은 인간의 선이고, 곡선은 신의 선이다."

스페인의 건축가 안토니 가우디가 남긴 명언이다. 가우디는 "직선은 인간의 손길에서 나온 것이며, 곡선은 신의 숨결로부터 왔다"라는 말로 직선과 곡선의 차이를 설명했다. 직선은 인간이 만들어낸 창조물 및 인위적인 구조물과 연결되며 논리와 이성의 상징으로 여겨진다. 일상의 건축물, 도로, 기계 등은 주로 직선으로 이뤄져 있으며, 이는 인간이 자연 위에 질서를 세우려는 의지와 본성을 반영한다.

반면에 곡선은 자연이 만들어낸 유기적 형태를 나타낸다. 구름이 흘러가는 모습, 파도가 부딪히는 장면, 나뭇잎 사이로 부는 바람 등은 곡선이 지닌 자연의 아름다움과 조화를 잘 보여준다. 곡선은 자연이

가진 무한한 가능성과 질서 정연한 세계의 조화로움을 드러내며 인간에게 신비롭고 경이로운 감각을 선물한다.

곡선 공간과 직선 공간은 각기 다른 방식으로 아이의 학습 환경과 뇌 발달에 영향을 미친다. 곡선 공간은 안정감을 주고 창의력을 자극하며 아이가 자유롭게 상호 작용하고 탐험할 수 있는 유연한 환경을 조성해준다. 반면에 직선 공간은 구조적이고 체계적인 환경을 통해 집중력과 자기 관리 능력을 강화하도록 이끌어준다. 그렇다면 아이에게 어떤 공간이 더 유용할까? 부모는 아이의 학습 공간을 만들 때, 곡선과 직선이라는 2가지 요소를 적절히 결합하여 균형 잡힌 발달을 지원해야 한다.

스웨덴의 비트라 학교는 곡선 공간과 직선 공간의 조화를 잘 보여주는 사례다. 이 학교의 모든 공간은 곡선과 직선을 적절히 활용한 독특한 디자인으로 학생들의 학습 경험을 극대화하고 창의성과 상호 작용을 촉진하는 데 중점을 두고 있다.

비트라 학교에서 곡선은 유동적이고 자연스러운 공간의 흐름을 만들어내는 중요한 요소다. 곡선형 라운지와 휴식 공간에는 둥그스름한 소파와 테이블이 배치되어 학생들이 자유로운 분위기에서 대화하고 협력할 수 있게 한다. 또 곡선형 복도는 자연스러운 경로를 형성하여 학생들이 편안하게 이동할 수 있게 하는데, 이러한 디자인은 지루함을 줄이고 공간을 더욱 흥미롭게 만든다. 그리고 곡선 형태의 벽과 파티션은 유동적이면서도 개방적인 별도 공간을 조성하여 학생들이 특정 장소에 얽매이지 않고 자유롭게 학습할 수 있도록 한다. 이처럼 비트라 학교에 쓰인 곡선은 자연의 형태를 모방하여 학교 환경에 자연 요소를 통합할 뿐만 아니라 학습 환경을 보다 친근하고 쾌적하게 만들어준다.

한편, 직선은 구조적 안정성을 제공하는 요소로 사용된다. 비트라 학교의 건물 구조, 주요 벽면, 바닥, 천장 등에 활용된 직선은 견고하고 안정된 느낌을 준다. 교실, 교무실, 도서관 등 주요 공간 역시 직선으로 명확하게 구획되어 학생들이 그때그때 필요한 공간을 찾아 사용할 수 있도록 돕는다. 책상, 의자, 책장 등 가구의 배치에도 주로 직선을 사용해 기능성을 높여 학생들은 학습에 필요한 도구에 쉽게 접근할 수 있다.

곡선은 아이에게 편안함을 주고, 직선은 아이를 이끌어준다. 곡선이 주는 편안함과 직선이 주는 명확함이 각기 다른 방식으로 아이의 뇌, 그리고 성장과 발달에 영향을 준다는 사실을 부모는 반드시 기억해야 한다.

- 직선 공간으로 이뤄진 학교의 외부 모습(위)과 곡선 공간으로 이뤄진 학교의 외부 모습
(아래, Chat GPT 구현).

● 직선 공간으로 이뤄진 학교의 내부 모습(위)과 곡선 공간으로 이뤄진 학교의 내부 모습
(아래, Chat GPT 구현).

아이는 어떤 공간을
더 좋아할까?

④

아이들은 직선보다는 곡선 공간을 선호하는 경향이 있다. 부드러운 느낌을 주는 곡선이 아이에게 편안함을 느끼게 하기 때문이다. 실제로 곡선 공간은 아이에게 심리적 안정감과 창의적 자극을 주고, 사회적 상호 작용을 촉진하며, 학습 등 여러 측면에서 효과적이다.

🏠 곡선 공간의 장점 ① 사회적 상호 작용

곡선은 날카롭지 않아 사람에게 안정감과 편안함을 주는 심리적 효과가 있는데, 이러한 특성은 사회적 기술을 발달시키는 협력적인 학습 환경에서 아이의 참여도를 높이는 데 긍정적인 영향을 미친다.

예를 들어 곡선형 테이블이 있는 교실이나 도서관에서는 아이들이 서로 마주 보고 앉아 대화를 나누고 그룹 활동에 적극적으로 참여할 수 있다. 이를 통해 아이들은 협동심을 기르고, 서로의 의견을 존중하며, 문제를 해결하는 능력을 키워나간다.

🏠 곡선 공간의 장점 ② 창의력 촉진

곡선형 디자인의 놀이기구와 공간은 부드러운 곡선과 자연스러운 형태를 강조하여, 직선적이고 각진 형태보다 더 유연하고 개방적인 느낌을 준다. 이를테면 곡선형 미끄럼틀, 다채로운 색감의 둥근 벽, 활동에 따라 구조를 바꿀 수 있는 작업 공간 등이다. 이러한 공간은 아이에게 자유롭고 편안한 환경을 제공해 창의적 활동을 촉진하고 상상력을 자극한다. 아이는 곡선형 디자인의 공간에서 자유롭게 놀면서 창의력을 발달시킬 수 있다. 또 이러한 환경은 문제 해결 능력을 키우고 다양한 시각에서 사고하도록 돕는다.

🏠 곡선 공간의 장점 ③ 교육적 효과

곡선 공간은 탐험과 발견을 장려한다는 특성이 있다. 곡선이 자연스럽고 유연한 형태이기에 아이가 물리적·정서적으로 제약을 덜 느끼면서 무엇이든 탐색할 수 있도록 돕기 때문이다. 곡선은 예측하기 어려운 형태와 경로를 만들어 아이의 호기심을 자극하고, 자연스럽게 새로운 것을 발견하도록 유도한다. 이러한 과정은 아이에게 학습 동기를 부여해 창의적 문제 해결 능력을 향상시켜준다.

특히 곡선형 미로 놀이터는 아이에게 탐험과 문제 해결의 기회를 제공하는 대표적인 장소다. 아이는 미로를 탐험하며 새로운 길을 찾고 목적지에 도달하기 위한 전략을 세우며 문제 해결 능력을 키운다. 즉, 곡선 공간은 아이에게 단순한 놀이 공간이 아닌, 학습과 성장의 매개체인 셈이다.

🏠 곡선 공간의 장점 ④ 정서적 안정감

곡선으로 이뤄진 휴식 공간은 아이가 안정감과 편안함을 느끼면서 긴장을 풀고 재충전할 수 있도록 돕는다. 반원형 소파, 곡선형 쿠션, 둥근 매트와 천장 텐트, 곡선형 벤치와 정원 등이 대표적인 예다. 이러한 공간은 아이의 스트레스를 해소할 뿐만 아니라 정서 안정과 집중력 향상에도 효과적이다.

거듭 강조하지만, 아이를 위한 공간을 디자인할 때 곡선과 직선 요

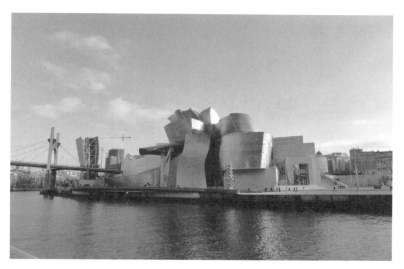

- 곡선과 직선이 아름답게 균형을 이룬 공간인 빌바오 구겐하임 미술관.

소를 적절히 통합하는 것은 아이의 발달과 학습에 긍정적인 영향을 미친다. 건축은 무질서와 질서의 균형이다. 곡선과 직선이 조화롭게 어우러질 때 공간은 가장 아름다워진다.

세계적인 건축가 프랭크 게리가 설계한 빌바오 구겐하임 미술관은 춤추고 헤엄치며 날아다니는 듯한 유연하고 비정형적인 디자인으로 호평받은 훌륭한 건축물이다. 이처럼 곡선과 직선이 조화를 이루는 공간은 심미적인 아름다움뿐만 아니라 인간의 뇌에도 긍정적인 영향을 준다는 사실을 기억할 필요가 있다.

Part 4

오늘부터
실천하는
공간 육아

아이를 위한
최적의 환경

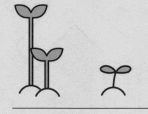

아이를 키우는 공간, 어떻게 선택해야 할까?

내 아이가 사는 집, 내 아이가 사는 동네, 내 아이가 사는 도시가 아이를 키운다면, 미래의 아이를 위해 우리는 어떤 집, 어떤 동네, 어떤 도시를 선택해야 할까? 사실 도시는 선택이 어려울 수 있다. 부모의 직장 때문에 특정 도시를 떠날 수 없는 경우가 있기 때문이다. 물론 아이를 위해 직업을 바꿔가며 도시를 옮기는 부모도 있겠지만, 이는 극히 드물다. 그런데 다행히 동네와 집은 충분히 선택할 수 있다.

예전에 나 역시 아이를 위해 일을 포기한 적이 있었다. 다른 나라나 다른 도시에서 살 기회도 있었지만 그러지 않은 것이다. 그래도 후회는 없다. 한곳에 정착해서 사는 동안 아이가 안정감 있게 잘 자라줬기 때문이다. 부모의 욕심에 아이를 힘들게 하기보다는 아이의 미래에 투자한다는 마음으로 공간을 선택하면 어떨까?

아이를 위한
가장 좋은 집의 조건

아이를 위한 집을 선택할 때는 아이가 안전하고 행복하게 자랄 수 있는 환경이 무엇인지 고민해야 한다. 그래서 안전성, 자연광과 환기, 천장 높이, 공간의 효율성, 학습 환경, 야외 공간, 커뮤니티와의 연결성 등 다양한 요소를 고려해야 한다. 과연 이런 집이 아이에게만 좋을까? 당연히 그렇지 않다. 가족 모두에게 좋다. 편안하고 안정적인 삶을 선사하기 때문이다.

조건① 안전성

아이를 위한 집을 선택할 때는 계단, 창문, 발코니 등이 아이에게 안전한지, 건축 자재나 페인트에 휘발성 유기 화합물, 포름알데히드, 중금속, 석면, 플라스틱 첨가제, 방염제, 방부제, 방충제, 라돈 등과 같은 유해 물질이 포함되어 있진 않은지, 콘센트가 아이의 손에 쉽게 닿지 않는 곳에 있는지 등을 점검해야 한다.

안전한 환경은 아이의 스트레스를 낮추고 정서적 안정감을 높이는 데 중요한 역할을 한다. 아이는 자신이 안전하다고 느끼는 환경에서 더 자유롭게 탐구하고 놀이하며 학습할 수 있기 때문이다. 반대로, 환경이 불안정하거나 위험 요소가 많으면 아이는 지속적인 경계 상태에 놓이고 스트레스 호르몬(코르티솔)의 분비가 증가해 신체와 정서에 부정적인 영향을 받는다. 이처럼 안전한 환경은 아이가 안정적으로 성장할 수 있는 기초가 된다.

그래서인지 요즘 새로 짓는 아파트는 친환경 페인트, 포름알데히드 배출량을 줄인 합판이나 가구, 재활용 가능한 자재, 무독성 접착제, 자연 섬유 단열재 등을 건축에 사용한다. 또 아이의 안전을 위해 가구와 벽면의 모서리를 둥글게 처리하고, 아이 손이 닿지 않는 곳에 콘센트를 설치하며, 미끄럼 방지 바닥재를 깔고, 안전 잠금장치가 있는 창문을 단다. 그리고 계단에는 안전 난간, 발코니에는 안전망을 설치해 안전사고를 최대한 줄이기 위해 최선을 다한다. 특히 거실 창문은 아래쪽이 열리지 않도록 고정하거나 틸트 앤 슬라이드_{Tilt and slide} 방식을 적용하고 있다. 고정 하단 창문은 창문의 하단부를 고정해 아이가 열 수 없게 하는 것이며, 틸트 앤 슬라이드 방식은 창문이 상단에서만 기울어지거나 옆으로 살짝 열리도록 설계되어 하단부의 개방을 차단하는 것이다.

🏠 조건② 자연광과 환기

아이를 키운다면 집 안에 충분한 자연광이 들어와야 한다. 자연광이 아이의 생활 리듬을 일정하게 유지시키고 정서를 안정시키는 데 도움을 주기 때문이다. 자연광이 풍부한 환경은 멜라토닌 수치를 조절해 아이의 수면 질을 향상시키고, 비타민 D 합성을 촉진해 면역력을 강화하는 데도 도움이 된다. 그래서 자연광을 최대한 받을 수 있도록 남쪽에 방을 많이 두는 배치를 선택하는 게 좋다. 요즘에는 큰 창문과 발코니를 통해 자연광을 충분히 받을 수 있도록 전면을 통창으로 설계하는 방식이 각광받고 있다.

환기 시스템이 있는지도 점검해야 한다. 좋은 환기 시스템은 실내 공기를 주기적으로 순환시키고, 외부의 신선한 공기를 유입하여, 유해 물질과 실내 습기를 효과적으로 배출한다. 그래서 곰팡이 발생을 예방하고 아이의 호흡기 건강을 보호하며 쾌적한 실내 환경을 유지하는 역할을 하기 때문에 반드시 확인해야 한다.

🏠 조건③ 천장 높이

천장 높이도 중요하다. 천장 높이가 사람의 창의력과 상상력을 자극하거나 집중력을 강화하는 중요한 환경적 요소로 작용하기 때문이다. 천장이 높은 집은 창의력과 상상력을 키우는 데, 천장이 낮은 집은 집중력을 높이는 데 도움이 된다.

신경건축학 연구에 따르면, 천장 높이는 사람의 공간 인식과 심리적 상태에 직접적인 영향을 미친다. 높은 천장은 공간적 개방감으로 뇌를 자극해 자유롭고 확장된 사고를 하게 하는데, 이러한 환경은 창의력과 상상력을 촉진하는 데 유리하다. 이를테면 높은 천장은 예술 작업, 문제 해결, 아이디어 발상 등의 활동에 효과적이다. 반면에 낮은 천장은 집중력이 필요한 세밀한 작업에 알맞다. 낮은 천장이라는 제한된 공간이 뇌가 구체적인 정보 처리와 세부적인 분석에만 힘쓰도록 이끌기 때문이다.

미국 미네소타대학교 교수 조안 마이어스 레비Joan Meyers-Levy 연구팀은 천장 높이를 각각 2.4m, 2.7m, 3m로 다르게 설정한 후, 참가자 100명에게 문제를 풀게 했다. 그 결과, 높은 천장(3m) 아래에서 문제를 푼 참가자들이 낮은 천장(2.4m)에서 문제를 푼 참가자들보다 더 자유롭게 창의적으로 생각하는 경향을 보였다. 이처럼 천장 높이는 아이의 창의력과 학습 능력에 영향을 미친다. 높은 천장의 환경에서는 아이가 더 창의적이고 혁신적인 사고를 할 가능성이 크며, 낮은 천장의 환경에서는 세부적인 학습과 정밀한 과제 수행에 강점을 보일 수 있다. 따라서 아이를 위한 공간을 설계할 때는 아이의 성장과 학습 요소도 신중히 고려해야 한다.

많은 예술가들이 높은 천장의 스튜디오를 선호하는 것도 이러한 이유 때문일 것이다. 창의적인 작업에는 넓고 개방된 공간이 필수적이며, 이는 높은 천장이 제공하는 자유로운 분위기와 연결된다. 반면에 공부방은 집중력이 요구되는 환경으로, 낮은 천장의 안정감 있는 구조로 설계되는 경우가 많다.

예전에 이사를 위해 아이와 함께 집을 보러 다닐 때 복층 구조를 살펴봤던 일이 떠오른다. 높은 천장의 공간이 주는 특별함 때문인지 아이는 그 집을 무척 마음에 들어 했다. 그때는 단지 아이가 좋아해서 그 집을 선택했지만, 시간이 지나 신경건축학 연구를 하며 돌이켜보니, 그 집이 아이의 창의력 발달에 긍정적인 영향을 미쳤을 것이라는 생각이 든다. 천장의 높이가 사고의 방식을 바꾸는 요소임을 몸소 체험한 것이다.

🏠 조건④ 공간의 효율성

집 안에 아이의 옷, 책, 장난감 등을 정리할 수 있는 충분한 수납 공간과 학습, 놀이, 휴식 등 다양하게 활동할 수 있는 다목적 공간이 있는지 확인해야 한다. 반드시 넓을 필요는 없다. 수납 공간이나 다목적 공간으로 쓸 수 있는 공간이 필요하다는 것이다. 유연한 공간이 있으면 아이가 자신의 흥미와 필요에 따라 그곳을 활용할 수 있다. 건축가들도 이런 필요성을 알아서인지 수납을 위한 팬트리, 다용도로 활용 가능한 가족실, 알파룸과 베타룸 등의 다목적 공간을 집 안에 만들고 있다. 대개 이런 공간은 아이가 학습과 놀이를 동시에 할 수 있는 곳으로 활용되는 경우가 많다.

집이 좁다면 베란다를 작은 놀이방이나 학습 공간으로 개조하거나 창문 아래 공간을 활용해 낮은 책장이나 의자를 놓는 것도 좋은 방법이다. 또 거실 한쪽에 책상과 선반을 설치해 학습 및 놀이 공간으로 활용하거나 접이식 가구를 들여 필요할 때만 학습과 놀이 공간으로 전환하는 것도 효과적이다. 그리고 수납 겸용 침대, 변형 가능한 모듈형 가구 등을 활용하면 공간의 효율성을 극대화할 수 있다.

🏠 조건⑤ 학습 환경

아이가 방해받지 않고 집중할 수 있는 조용한 학습 공간이 있는지도 중요하다. 신경건축학에서는 이런 공간이 아이의 집중력과 학습 효율성을 높여준다고 강조한다. 단순하게 문이나 창문을 닫으면 된다고 생각할 수 있겠지만, 자연 환기도 고려해야 한다.

나한테 아이를 위한 집을 선택하라고 한다면, 도로에서 떨어진 곳, 놀이터에서 떨어진 곳, 주차장에서 떨어진 곳을 선택할 것이다. 그리고 집 안에서 아이를 위한 방을 선택하라면, 가장 안쪽 방을 고를 것이다. 외부 소음이 비교적 차단되어 아이가 학습하거나 숙면하기에 적합하기 때문이다. 대체로 안쪽 방은 다른 방이나 거실과의 접근성이 좋아 아이를 돌보기 용이하며 자연광의 직접적인 영향을 덜 받아 여름에는 시원하고 겨울에는 따뜻하다. 게다가 외부로부터 보호받는 느낌이 들어 아이가 심리적 안정감까지 느낄 수 있다.

주변에 골프 연습장, 골프장, 비행장이 있는 곳도 피하는 것이 좋다. 소음 문제 때문이다. 골프 연습장과 골프장에서는 골프공을 치는 소리, 골프공이 날아가는 소리, 이용자들의 대화 소음 등이 계속 발생한다. 또 잔디를 관리하는 장비의 소음도 만만치 않다. 비행장의 경우, 항공기의 이착륙 소음이 크며, 특히 저고도 비행 시 매우 시끄러울 수 있다.

저주파 소음Low Frequency Noise, LFN은 20Hz 이하의 저주파 영역에서 발생하는 소음을 말한다. 이 소음은 사람이 인지하기 어려운 경우가 많지만, 지속적으로 노출될 경우 건강에 부정적인 영향을 미칠 수 있다. 공장이나 건설 현장에서 사용하는 대형 기계에서는 저주파 소음이 발생하며, 대형 공조기나 발전기에서 발생하는 소음도 이에 해당한다. 저주파 소음은 갓난아이의 수면 패턴에 부정적인 영향을 끼쳐 수면 장애를 유발할 수 있다. 또 청력 발달에 문제를 일으켜, 나중에는 언어 발달과 학습 능력에도 좋지 않은 영향을 줄 수 있다. 저주파 소음은 신경계에 스트레스를 유발해 신경계 발달을 저해할 뿐만 아니라 불안, 과민 반응, 집중력 저하와 같은 행동 문제를 초래할 수도 있다. 따라서 아이를 위한 집을 선택할 때는 저주파 소음이 발생하는 지역이나 발생할 가능성이 있는 지역은 반드시 피해야 한다.

예전에 아파트 근처에 골프 연습장을 설치하려는 계획을 심의한 적이 있었다. 나는 반대했다. "잠자는 시간에는 골프를 치지 않는다"라는 말은 설득력이 없었기 때문이다. 낮에도 잠을 자야 하는 사람이 있고, 특히 공부하는 사람에게 소음은 악영향을 미친다. 주거 환경에서는 소음이 미치는 영향을 절대 가볍게 생각해서는 안 된다.

🏠 조건⑥ 야외 공간

집에 정원이나 마당 등 안전한 야외 공간이 있는지, 집에서 가까운 곳에 안전하게 놀 수 있는 놀이터나 공원이 있는지 확인해야 한다. 신경건축학 연구에 따르면, 야외에서의 신체 활동은 아이의 뇌 발달과 정서 안정에 긍정적인 영향을 미친다. 특히 녹지나 공원 등 자연으로 둘러싸인 야외 공간은 아이의 스트레스 호르몬(코르티솔) 수치를 낮추고, 주의력결핍 과잉행동장애Attention Deficit Hyperactivity Disorder, ADHD 증상을 완화하는 데 효과적이라는 연구 결과도 있다. 그래서인지 요즘 대부분의 주거 단지는 지하에 주차장을 배치하고, 지상에는 정원과 놀이터를 만들어 아이가 안전하게 놀 수 있는 공간을 마련하고 있다.

🏠 조건⑦ 커뮤니티와의 연결성

집 주변이 주민 친화적이어서 아이가 안전하게 사회적 상호 작용을 할 수 있는 환경인지, 유치원이나 학교가 가까이에 있는지 확인해야 한다.

부모는 아이가 안전하고 친근한 이웃 환경에서 자라기를 바란다. 이웃과의 교류와 공동체 활동이 아이의 사회성을 키워줄 뿐만 아니라 아이가 정서적으로 안정된 환경에서 자라도록 도와주기 때문이다. 예전과는 달리 요즘에는 아파트 단지 내에 놀이터, 산책로, 체육 시설, 도서관, 키즈 카페, 다목적홀 등 주민 커뮤니티 시설이 다양하다. 그만큼 주거 환경에서 커뮤니티와의 연결성이 중요해졌다는 의미다. 만약 단독 주택이나 빌라 등에 거주한다면 주변에 공공 도서관, 청소년 수련관, 사회 복지관 등이 있는 곳을 선택하면 좋다.

Chat GPT로 구현한 아이의 뇌 발달을 촉진하기 좋은 집.

3 아이를 위한
가장 좋은 동네의 조건

아이가 초등학교에 입학하면 어디에 사는 게 좋을지에 대한 고민이 깊어진다. 아이가 커갈수록 자연 친화적인 곳, 교통이 편리한 곳, 학교가 가까운 곳, 문화 시설이 많은 곳, 학원이 가까운 곳 등 생각해야 할 조건이 많기 때문이다. 아이와 함께 살 동네를 고를 때는 안전한 환경, 자연환경, 교육 기회, 커뮤니티 등을 충분히 고려해야 한다.

🏠 조건① 안전한 환경

아이를 위한 동네를 선택할 때 가장 중요한 요소는 안전이다. 아이가 바깥에서 자유롭게 놀거나 이동하려면 범죄율이 낮고 보행 친화적이며 자전거 도로가 정비되어 있고 어린이 보호 구역이 마련된 지역이 적합하다. 안전한 환경은 아이의 스트레스를 줄이고 정서적 안정감을 높이며 아이에게 자유로운 탐험과 활동 기회를 제공해 뇌 발달에도 긍정적인 영향을 미친다. 또 범죄율이 낮고 안전하게 이동할 수 있는 동네에서는 부모가 안심하고 아이를 키울 수 있다. 이러한 조건을 갖춘 지역은 아이의 건강한 성장과 가족의 안정적인 생활을 위한 최고의 선택지다.

하지만 현실은 그렇지 않은 경우도 있다. 언젠가 유흥가를 지나야만 초등학교에 갈 수 있는 동네를 마주친 적이 있다. 그곳의 아이들은 아침마다 만취 상태로 길에 쓰러져 있는 사람들 사이를 지나 학교에 가야 했다. 그 모습을 보고 가슴이 아팠다. 그런가 하면 성범죄자가 많이 사는 동네도 있다. 요즘은 관련 정보를 제공해주기는 하지만, 불안한 마음은 쉽게 사라지지 않는다. 이럴 때마다 아이를 위한 안전한 환경이 무엇보다 중요하다는 사실을 다시금 깨닫는다.

🏠 조건② 자연환경

다음 조건은 자연환경이 가까이 있는지다. 이른바 '숲세권'인지 따져보는 것이다. 산, 숲, 하천, 공원, 놀이터 등의 자연환경은 아이의 신체 활동을 장려하고 정서적 안정감을 제공한다. 깨끗한 공기와 쾌적한 환경은 아이의 건강한 성장과 발달에 중요하다. 자연과의 접촉은 스트레스 감소와 정서 안정에 긍정적인 영향을 미친다는 연구 결과도 다수 발표되었다. 또 자연환경에서의 신체 활동은 뇌 발달을 촉진한다.

자연환경이라고 하면 대부분 공원과 녹지가 풍부한 숲세권을 떠올리는데, 이때 공원이 있는지 뿐만 아니라 자연에서 활동도 즐기고 눈도 호강할 수 있도록 녹지율(전체 면적에서 녹지가 차지하는 비율)과 녹시율(사람이 특정 지점에서 바라볼 때 시야에 들어오는 녹지의 비율)을 함께 고려해야 한다. 특히 공원은 나무가 얼마나 많이 자라고 있는지 세심하게 살펴보면 더 좋다.

🏠 조건③ 교육 기회

초등학생에게 학교까지의 거리는 매우 중요하다. 나 역시 많은 것을 포기하면서 아이가 집에서 초등학교, 중학교, 고등학교까지 걸어서 5~10분 내 도착할 수 있는 동네를 선택했다. 일하는 엄마였기에 아이의 안전을 위해 집에서 학교까지의 거리를 가장 우선으로 두었다.

학교가 가까운 동네는 아이의 학습과 발달에 긍정적인 영향을 미친다. 통학 시간이 짧아지면 아이는 학습과 휴식에 더 많은 시간을 할애할 수 있고, 안전한 통학 환경은 심리적 안정감을 주어 집중력을 높이는 데 도움이 된다. 또 방과 후 활동이나 학교 프로그램에 더 적극적으로 참여할 수 있으며, 부모와 학교 간의 소통도 훨씬 원활해질 가능성이 크다.

여기에 도서관, 과학관, 문화 시설 등의 학습 자원과 문화 활동이 함께 갖춰진 동네라면, 이로 인해 아이의 창의력과 지식 탐구 능력도 자연스럽게 향상될 것이다. 다양한 학습 자원은 아이 뇌의 신경가소성을 자극해 학습 능력과 문제 해결 능력을 높이는 데 중요한 역할을 한다. 이러한 환경 속에서 아이는 새로운 지식과 기술을 습득하며 창의적 사고를 발전시킬 것이다.

과거 맹자의 어머니는 아들을 좋은 환경에서 키우기 위해 3번이나 이사를 했다. 처음엔 공동묘지 근처에 살았는데, 맹자가 장례 행렬을 흉내 내자 시장 근처로 이사했다. 그런데 그곳에서도 맹자가 장사꾼을 따라 하면서 놀자, 결국 학교 근처로 다시 이사했다. 그제야 맹자는 어른들에게 인사하는 법을 배우고 예절을 익히게 되었다. 이 이야기는 흔히 '맹모삼천지교孟母三遷之敎'로 알려져 있으며, 주변 환경이 아이의 성장과 교육에 얼마나 중요한지를 잘 보여준다.

오늘날에도 많은 부모들이 자녀의 교육 환경을 위해 최선을 다하지만, 그 노력만으로 모든 문제가 해결되는 것은 아니다. 다만 아이의 미래를 위해 환경이 갖는 중요성을 깨닫고, 가능한 한 좋은 조건을 선택하려는 노력이 필요하다.

🏠 조건④ 커뮤니티

집에서 걸어서 갈 수 있는 가까운 거리(1km 이내)부터 자전거나 차량으로 갈 수 있는 중간 거리(5km 이내)까지 커뮤니티 시설이 얼마나 있는지 살펴보자. 가족과 아이를 위한 정책과 커뮤니티가 잘 갖춰진 동네는 삶의 질을 높여주고 아이의 건강한 성장을 촉진시킨다. 커뮤니티는 교육, 건강, 복지 분야에서 다양한 서비스를 제공하며, 여기에는 양질의 학교, 의료 접근성, 육아 및 돌봄 지원, 놀이 및 문화 시설 등이 포함된다. 이러한 환경은 가족의 스트레스를 줄이고, 아이에게 균형 잡힌 발달 기회를 제공하며, 정서 안정을 가져온다.

다양한 커뮤니티는 아이가 사회성을 키우고 정서적으로 건강하게 성장하는 데 도움을 준다. 실제로 서울시 강동구는 장난감도서관, 도서관, 청소년문화의집, 지역아동센터, 생태공원 등 여러 시설을 통해 아이에게 사회적 활동과 학습 기회를 제공한다. 장난감 대여, 예체능 프로그램, 체험 활동, 생태 교육 등은 협동심, 창의력, 사회성을 키우고 정서를 안정시키며 환경 보호 의식을 함양하도록 이끌어준다. 이러한 활동에 적극적으로 참여하는 아이는 지역 사회와 유대감을 형성하며 성장 기반을 마련할 수 있다.

아파트 청약에 당첨되기 위해 무주택 상태로 15년 이상을 지낸 지인이 있다. 그는 원하지 않는 동네에서 잦은 이사를 하며 살아야만 했다. 집이란, 또 동네란 무엇일까? 가족에게 안락함과 따뜻함을 주는

아이에게 사회적 활동과 학습 기회를 제공하는 서울시 강동구의 다양한 커뮤니티 시설.

집과 동네의 의미는 사라지고, 오직 부동산의 가치만 남은 듯했다. 하지만 돈보다 더 중요한 것이 있다. 바로 아이의 일생이다. '한 아이를 키우려면 온 동네가 필요하다'라는 아프리카 속담은 아이의 성장과 발달에 있어 공동체의 중요성을 강조한다. 부모의 노력만으로는 아이를 온전히 키울 수 없다. 아이가 건강하고 행복하게 자라기 위해서는 이웃, 학교, 사회의 긍정적 상호 작용을 통한 연대가 필요하다.

아이를 위한
가장 좋은 도시의 조건

④

아이를 어떤 도시에서 키워야 할까? 많은 사람들은 막연히 서울에서 살기를 원하지만, 직장이나 경제 상황 등을 고려해 적절한 환경을 찾아야 한다. 부모는 아이의 현재와 미래를 모두 고려해서 도시를 선택해야 하는데, 아이의 성장과 발달을 위해서는 도시 자체의 특성만이 아니라, 그 도시가 제공하는 안전성, 자연 공간, 학습 기회, 사회적 상호 작용, 생활의 질 등 다양한 요소를 종합적으로 고려해야 한다.

🏠 조건① 안전성

안전한 도시가 최고다. 범죄율이 낮고 아이가 학교나 놀이터로 안전하게 이동할 수 있는 환경과 시설이 잘 갖춰진 도시가 바람직하다. 안전한 보행 환경과 낮은 범죄율은 아이가 자유롭게 탐험하고 활동하는 기회를 제공하며, 이는 정서적 안정감과 사회적 기술(의사소통, 협동, 공감, 갈등 해결, 리더십 등) 발달에 도움이 된다.

예전에 정부 관련 연구소가 모여 있는 대전에 살았던 적이 있다. 덕분에 "김 박사님"이라고 부르면 여러 명이 돌아볼 정도로 고학력자들이 많았다. 우스갯소리 같지만 환경이 주는 안정감과 교육적 분위기는 아이의 성장에 영향을 미칠 가능성이 크다. 부모라면 아이에게 조금 더 나은 환경을 찾아주고, 또 만들어주고 싶은 마음이 당연하다.

🏠 조건② 자연 공간

도시의 녹지율도 중요하다. 공원, 놀이터, 둘레길, 하천 등 자연과 직접 접할 수 있는 공간이 풍부한 도시는 아이의 신체와 정서 발달에 이롭다. 공기와 물이 깨끗하고 소음이 적은 환경은 아이의 건강에도 긍정적인 영향을 미친다. 이제 우리나라도 도시 곳곳에 자연 공간이 조성되어 가족 단위로 자주 찾는 휴식처이자 나들이 장소로 자리 잡아가고 있다. 산책로와 자전거 도로가 잘 정비된 강변이나 둘레길, 공원 등은 산책, 달리기, 자전거 타기 등 다양한 신체 활동을 즐길 수 있는 장소로 인기가 높다.

녹지가 많은 도시에 사는 아이들은 더 똑똑할까? 실제로 자연에서의 다양한 경험은 아이의 창의력과 문제 해결 능력을 키우고, 아이는 자연에서 신체 활동을 함으로써 두뇌 발달을 촉진한다. 또 녹지는 심리적 안정감을 제공해 아이가 스트레스를 줄이고 학습 집중력을 높이는 데도 도움을 준다.

🏠 조건③ 학습 기회

풍부한 교육 시설을 보유한 도시는 아이의 성장과 학습에 유리하다. 집에서 접근 가능한 거리에 유치원, 학교, 도서관 등 교육적 자극을 주는 시설이 있는지, 또 박물관, 과학관, 공연장, 전시관 등 문화 공간이 있는지 반드시 살펴봐야 한다. 교육적 자극을 주는 시설은 아이의 인지 및 학습 능력의 발달을 지원하고, 문화 공간은 창의력과 사회적 이해를 높여주기 때문이다.

학습 자원이 풍부한 환경은 아이 뇌의 신경가소성을 높여 학습 능력을 강화시키고 복잡한 문제의 해결 능력을 발달시킨다. 예를 들어 도시 내 좋은 교육 시설에서 이뤄지는 체험형 과학 프로그램이나 문제 해결 중심의 프로젝트 학습은 아이가 창의적으로 사고하고 복잡한 문제를 단계적으로 해결하는 능력을 키우는 데 도움을 준다.

그런가 하면 다양한 문화 공간은 아이가 창의력과 사회적 이해를 증진하는 데 필수적이다. 그 예로 미술관이나 박물관 방문은 여러 시각과 역사적 관점을 접하면서 문화적 감수성을 키우는 데 효과가 있다. 또래 친구들과 함께 연극이나 댄스 워크숍에 참여하는 활동은 아이에게 협동심과 상상력을 길러주고, 다른 배경을 가진 사람들과 상호 작용하면서 사회적 이해와 공감 능력도 향상시켜준다.

🏠 조건④ 사회적 상호 작용

역사 자원과 문화 시설이 많거나 문화 행사가 활발한 도시는 아이의 정서와 사회 발달에 긍정적인 영향을 미친다. 이런 도시에서 아이는 여러 문화적 배경을 경험하며 다양성을 이해하고 존중하는 태도를 배울 수 있다. 이를테면 서울시 종로구는 경복궁, 창덕궁과 같은 역사적 자원과 국립민속박물관, 서울역사박물관 등 풍부한 문화 시설이 있어 아이가 역사를 체험하고 다양한 문화를 접하는 좋은 환경을 갖추고 있다.

경기도 성남시 분당구는 커뮤니티 프로그램과 문화 행사가 활발하게 이뤄지는 지역으로, 온 가족이 함께 참여할 수 있는 활동이 많다. 분당의 중앙공원에서는 주말마다 가족을 위한 야외 공연, 플리 마켓, 어린이 미술 체험 프로그램 등이 열려 아이가 또래 친구들과 어울리면서 창의적인 놀이를 즐길 수 있다. 그뿐만 아니라 청소년 수련관,

가족 센터와 같은 시설도 잘 마련되어 온 가족이 부모 교육 수업, 가족 상담 프로그램, 아동 놀이 교실 등의 지원을 받을 수 있다.

포용적인 도시는 사회적 상호 작용을 더욱 촉진하는 환경을 제공해 아이가 다양한 배경의 사람들과 교류하며 공감 능력과 사회적 기술을 키울 수 있도록 돕는다. 특히 인천시 연수구의 송도국제도시는 다양한 국적과 문화를 가진 사람들이 모여 사는 지역으로, 이곳에서는 다문화 가정이 함께 참여하는 요리 교실, 세계 문화 축제, 다국어 책 읽기 모임 등의 행사가 열려 아이가 자연스럽게 다른 문화와 언어를 접할 수 있다.

도시는 저마다 지향점이 다르다. 어떤 도시는 기업 활동에 유리하고, 어떤 도시는 노인 친화적이며, 또 다른 도시는 여성이 살기 좋은 환경을 제공한다. 그렇다면 아이는 어디서 키워야 할까? 문화·예술의 도시에서 문인과 예술인이 많이 나오는 데는 이유가 있다. 아이가 경험할 만한 환경이 충분히 갖춰져 있기 때문이다. 일본의 가나자와시는 유네스코UNESCO에서 지정한 공예창의도시다. 이 도시는 공예 활동을 적극적으로 장려하여 아이들도 미술관 크루즈를 통해 수준 높은 미술 교육을 받는다. 또 다양한 공예 전시와 교육 프로그램이 활발하게 운영되어 아이들이 자연스럽게 예술적 감각과 창의력을 키울 수 있다.

도시마다 사회적 상호 작용이 나타나는 모습은 다양하다. 유독 도서관이 많은 도시, 음식이 유명한 도시, 외국인이 높은 비율로 거주하는 도시가 있고, 박물관이 밀집된 도시나 대전처럼 과학 시설이 잘 갖춰진 도시도 있다. 이러한 도시들은 아이에게 여러 가지 문화적·교육적 자원을 경험하는 기회를 제공하여, 아이의 창의력과 학습 능력을 키우는 데 큰 도움이 된다.

결국 도시가 선사하는 공간은 아이의 성장과 발달에 큰 영향을 미친다. 경험할 수 있는 것이 많고 다양한 기회가 있는 도시일수록 아이가 더 넓은 시야를 가지고 자라도록 이끌어주는 셈이다.

🏠 조건⑤ 생활의 질

가족 친화 정책과 시설이 잘되어 있는 도시는 가족 단위로 살기에 유리하다. 요즘에는 아동 친화 도시나 아이 키우기 좋은 도시에 관심을 갖는 지자체들이 늘어나고 있다. 가계에 부담을 주지 않으면서도 양질의 교육과 생활 환경을 제공하는 것이다.

서울시 강동구는 가족 친화적인 정책과 아이를 위한 지원 프로그램이 잘 갖춰진 대표적인 지자체다. 어린이 보호 구역을 늘리고, 주택가의 교통안전 시설을 강화하며, CCTV 설치를 확대하는 등 아이들이 안심하고 생활할 만한 환경 조성에 힘쓰고 있다. 특히 '스쿨존 532' 사업(스쿨존 이면도로 제한 속도 20km/h)을 통해 어린이 보호 구역의 통학로 안전성을 높였다.

교육 측면에서도 우수한 교육 시설과 프로그램을 제공한다. 둔촌 도서관, 북카페, 청소년문화의집 등은 아이가 학습과 놀이를 병행할 수 있는 좋은 배움터다. 또 방과 후 학교 프로그램과 학습 멘토링 사업을 통해 맞벌이 가정의 아이도 안전하게 학습을 이어갈 수 있도록 돕고 있다. 그리고 가족 센터에서는 경제적 어려움을 겪는 가정을 위해 무료 학습 지원과 심리 상담을 제공해 아이의 학습과 정서 안정에 긍정적인 역할을 하고 있다.

그런가 하면 가계의 재정 부담을 줄이기 위한 가족 친화 정책도 운영 중이다. 출산 장려금 지원, 공공 어린이집 확충, 육아 지원 바우처 제공 등을 통해 부모의 양육 부담을 줄여주고 있다. 또 생태공원과 강동아트센터에서는 가족을 위한 자연 탐방 프로그램과 어린이 뮤지컬 공연을 열어 아이에게 다양한 체험 기회를 주고 있다. 이러한 점에서 서울시 강동구는 생활의 질이 높아 아이를 키우기에 좋은 도시라고 할 수 있다.

● Chat GPT로 구현한 아이의 뇌 발달을 촉진하기 좋은 도시.

STEP 02

아이를 위한
우리 집 인테리어

① 아이를 위한 인테리어 원칙

동네나 도시를 바꾸기는 어려워도 집만큼은 내 의지대로 바꿀 수 있다. 오롯이 내 아이를 위한 집으로 말이다. 아이를 위한 집을 꾸밀 때는 아이의 연령과 발달 단계에 맞춰 중심이 되는 원칙을 세운 뒤 유연하게 조정하면 된다.

⌂ 원칙① 안전한 환경을 조성한다

아이를 위한 집을 꾸밀 때 최우선으로 고려해야 할 사항은 안전한 공간의 배치다. 특히 3세 미만의 어린아이가 있다면 더욱 그렇다. 가구의 모서리는 둥글게 처리하고, 미끄럼 방지 매트를 사용하며, 벽에는 부드러운 재질의 보호대를 설치해 아이가 다치지 않게 해야 한다. EVA폼, 고무, 실리콘 등 충격을 완화하는 소재로 제작한 보호대를 벽의 모서리나 낮은 벽면 등 아이가 부딪치기 쉬운 곳에 설치하면 된다.

창문과 발코니에 안전 잠금장치를 설치하면 낙상 사고를 예방하고 부모와 아이 모두의 불안을 줄이는 데 효과적이다. 이러한 장치는 아이가 실수로 창문을 열거나 발코니로 나가는 일을 방지해준다. 안전한 환경을 조성하는 일은 보호자 입장에서도 안심할 수 있어 육아의 질을 높이는 데 도움이 된다. 또 아이는 자율적으로 활동하면서 심리적 안정감을 얻을 수 있다.

가구와 물품의 높이도 아이가 쉽게 접근하도록 조정한다. 낮은 책장, 아이 전용 수납함, 손이 닿는 높이의 옷걸이 등을 설치해 아이가 스스로 물건을 정리하고 사용할 수 있게 한다. 이처럼 안전한 공간은 아이가 자유롭게 탐색하고 학습하는 데 필수적이다.

🏠 원칙❷ 창의적인 공간을 마련한다

벽에 커다란 칠판을 설치해 그림을 그릴 수 있게 하거나 자석 칠판을 놓아 여러 종류의 자석을 붙였다 뗐다 하면서 아이의 창의력을 자극할 수 있는 공간을 마련하자. 아이의 상상력을 키우기 위해 집 안에서 다양한 색상과 질감을 사용해도 효과적이다. 벽지, 커튼, 카펫 등을 밝고 활기찬 색상이나 화려한 패턴과 디자인으로 선택해서 꾸미는 것이다.

예전에 나는 아파트 거실 앞 베란다에 아이를 위한 미술 놀이 공간을 마련해준 적이 있다. 그 베란다에는 별도의 수도꼭지가 있어, 그곳에서 아이는 자유롭게 물감으로 시간과 공간의 제약 없이 그림을 그렸다. 색과 색을 과감하게 섞어가면서 자기만의 그림을 그리며 신나게 놀았던 아이의 모습이 아직도 종종 떠오른다.

🏠 원칙③ 가족 간의 소통 공간을 만든다

가족 간의 소통을 촉진할 수 있는 공간, 이를테면 거실에 온 가족이 모여서 활동할 수 있는 공간을 만들자. 책을 읽을 수 있는 서가, 보드게임이나 퍼즐을 하는 테이블, 영화를 감상하는 멀티미디어 공간, 공예 활동을 진행하는 작업 공간을 유동적으로 배치해 가족이 함께 시간을 보내면서 유대감을 강화할 수 있게 한다.

부엌은 열린 부엌이나 아일랜드 부엌이 가족이 함께 요리하고 식사 준비를 하면서 자연스럽게 대화하는 공간이 될 수 있다. 이 과정에서 아이는 언어 발달과 사회적 기술(의사소통, 협동, 공감, 갈등 해결, 리더십 등)이 향상된다.

🏠 원칙④ 학습 공간은 특히 조명과 소음에 신경 쓴다

아이의 집중력을 높이기 위해 조용하고 차분한 학습 공간을 따로 마련하자. 학습 공간은 자연광이 잘 들어오는 곳으로 배치하되, 직사광선은 피하고 커튼이나 블라인드로 빛을 조절한다. 조명은 책상 위 천장에 있는 조명이나 스탠드를 활용해 빛이 고르게 퍼지도록 하며, 그림자가 생기지 않도록 오른손잡이는 왼쪽, 왼손잡이는 오른쪽에 배치한다. 적절한 색온도(5,000~6,500K)와 간접 조명을 함께 사용하면 눈의 피로를 줄이고 학습에 적합한 환경을 만들 수 있다.

외부 소음을 차단하고 고요하고 평온한 환경을 유지하기 위해 벽이나 천장, 바닥에 소음 방지 패널을 설치한다. 정온한 환경은 불필요한 외부 자극을 줄여 집중력을 높이고 학습 성과를 향상시키는 데 중요한 역할을 한다. 소음, 강한 빛, 불규칙한 움직임과 같은 자극이 많을수록 아이는 산만해질 가능성이 큰데, 이때 정온한 환경이 한 가지 활동에 몰입할 수 있는 상태로 만들어줘 아이의 산만함을 줄이는 데 효과가 있다.

나 역시 아파트에 살다 보니 소음 문제에 민감해질 수밖에 없었다. 그래서 아이 방만큼은 벽과 천장에 소음 방지 패널을 설치했다. 이로 인해 방이 약간 좁아지긴 했지만 옆집의 소음으로부터는 확실히 영향을 덜 받게 되었다. 만약 아이가 고등학생이 될 때까지 한집에 거주할 예정이라면 소음 방지 패널의 설치를 추천한다. 여기에 방음 성능이 좋은 창문을 함께 설치하면 더 좋다.

🏠 원칙⑤ 아이가 스스로 할 수 있는 공간과 도구를 세팅한다

아이가 무엇이든 스스로 할 수 있는 공간을 마련해 독립성과 책임 감을 키워줘야 한다. 개인 수납 공간을 제공하면 아이가 자기 물건을 직접 정리 및 관리하면서 자율성부터 주도성까지 자연스럽게 배울 수 있다.

화장실에 소형 변기나 아이 키에 맞춘 발판을 설치하면 아이가 안전하고 편리하게 화장실을 이용할 수 있다. 이러한 도구는 아이가 독립적으로 위생을 관리하며 자율성과 책임감을 배우는 데 도움을 주고, 장기적으로는 자기 관리 능력 향상에도 좋은 영향을 미친다.

🏠 원칙⑥ 부엌을 아이의 감각 발달 공간으로 활용한다

부엌을 아이의 감각을 자극하고 학습을 촉진하는 공간으로 활용한다. 아일랜드 부엌은 요리 과정을 가까이에서 관찰할 수 있게 하여 시각, 청각, 촉각, 후각, 미각을 동시에 자극할 수 있다. 이때 어린이용

조리대를 따로 마련하여 아이의 키에 맞는 도구를 배치하면 아이가 직접 요리를 하면서 다양한 식재료를 경험할 수도 있다.

각양각색의 타일, 나무 조리대, 스테인리스 도구와 같은 다양한 재질과 색상으로 감각을 자극하는 부엌은 아이의 창의력과 학습 능력 향상에도 도움을 줄 수 있다. 요리 중 식재료의 맛과 향을 탐구하는 과정은 아이의 감각을 발달시킬 뿐만 아니라 뇌를 자극하여 인지 발달에도 긍정적인 영향을 미친다.

🏠 원칙⑦ 정서적으로 안정된 편안한 환경을 추구한다

아이에게 안정감과 소속감을 제공하는 편안한 환경을 조성하자. 따뜻한 색감의 조명을 사용하고, 아이가 좋아하는 캐릭터나 디자인을 활용하여, 정서적으로 안정된 환경을 만들어주는 것이다.

특히 음악과 향기는 감정을 안정시키는 데 효과적이다. 아침에는 활기찬 음악, 저녁에는 잔잔한 음악으로 감정의 리듬을 조율하며, 학습 중에는 클래식 음악과 자연의 소리로 집중력을 높이고 스트레스를 완화시킨다. 향기도 마음을 달래는 좋은 요소다. 라벤더와 캐머마일은 휴식을 돕고, 시트러스는 활력을 북돋우며, 로즈메리와 민트는 정서적 안정감을 제공한다. 음악과 향기를 조합해 명상이나 휴식에는 잔잔한 음악과 라벤더 향을, 아침에는 활기찬 음악과 시트러스 향을 활용하면 효과를 극대화할 수 있다.

정서적으로 안정된 환경에서 자란 아이는 자아 존중감이 높다. 이는 정서 지능과 사회성 발달에도 긍정적인 영향을 미친다. 연구에 따르면 부모의 정서적 학대는 아동의 자아 존중감에 부정적인 영향을 미치며, 안정된 환경은 긍정적인 자아 개념과 전반적인 발달을 이끌어준다.

🏠 원칙⑧ 다목적 가구, 조립식 모듈 가구로 유연성을 확보한다

아이의 성장과 변화에 맞춰 공간의 용도와 배치를 유연하게 조정할 수 있도록 다목적 가구를 활용하면 효과적이다. 그 예로 확장형 테이블은 용도에 따라 놀이용 작업대와 학습용 책상으로 변형할 수 있으며, 벙커 침대는 아래 공간을 수납이나 학습, 또는 놀이 공간으로 활용할 수 있다.

조립식 모듈 가구는 장난감 정리용에서 학습 자료 보관용으로 용도를 바꿀 수 있고 아이의 성장에 따라 재배치하거나 변형할 수 있어 대단히 실용적이다. 이러한 가구는 공간을 절약하면서도 놀이와 학습 환경을 효율적으로 조성하는 데 확실히 도움이 된다.

🏠 원칙⑨ 일부 공간을 자연과 연결한다

창가에 식물을 두거나 발코니에서 작은 정원을 가꾸는 활동은 자연과의 연결을 강화해 아이의 정서 안정과 창의력 향상에 도움을 준다. 예를 들어 아이가 화분에 씨앗을 심고 가꾸면서 식물이 자라는 과정을 관찰하면, 자연과 교감하며 책임감을 배우고 창의적인 사고까지 자극받을 수 있다.

연구에 따르면 자연환경은 스트레스를 감소시키고 인지 기능을 향상시키는 데 효과적이다. 한 연구에서는 대학생들이 자연 경관을 접한 후 심리적 스트레스가 감소하고 인지 기능이 향상되는 결과가 나타났다. 또 다른 연구에서는 가상 현실Vitural Reality, VR로 자연환경을 체험한 참가자들이 스트레스 완화와 주의력 회복에서 긍정적인 변화를 경험했다. 결국 자연환경과 관련된 활동이 아이의 전반적인 인지와 정서 발달에 도움을 주는 것이다.

🏠 원칙⑩ 실용성과 경제성을 고려한다

효율적인 공간 활용과 실용적인 가구 선택은 한정된 공간을 더 넓게 쓰고 경제적 부담을 줄이는 데 효과적이다. 수납 공간은 모듈형 시스템 옷장, 서랍형 침대, 벤치형 수납 상자 등을 활용해 체계적으로 정리하고, 장난감과 학용품은 벽 선반 등의 수직 공간에 구역별로 분류해서 정리하면 좋다.

조립식 가구나 확장형 침대를 사용하면 아이의 연령에 맞춰 장기적으로 활용할 수 있다. 예를 들어 장난감 정리용 책장은 책이나 문제집을 정리하는 등 학습용으로 전환할 수 있다. 내구성 높은 소재를 사용하거나 중고 가구, DIY 가구를 활용하면 비용 절감에 더욱 효과적이다. 이러한 방법은 아이의 성장과 용도 변화에 맞춘 경제적 공간 활용을 실현하는 데 확실히 도움이 된다.

아이가 저절로 크는
공간별 인테리어 방법

⌂ 거실

거실은 가족이 함께 모여 대화하고 활동하는 집의 중심이다. 거실에는 가족 모두가 함께 이야기를 나눌 수 있도록 넓고 편안한 소파를 배치하고, 그 주변에 테이블을 두어 책이나 장난감을 올려놓을 수 있게 한다. 특히 거실 한쪽에는 아이가 놀이와 학습을 할 수 있는 작은 탁자와 의자를 마련해 부모와 함께 시간을 보낼 수 있게 하면 좋다. 또 책장이나 작은 서가를 설치해 가족 모두가 책을 읽고 이야기를 나눌 수 있는 환경을 만드는 것도 추천할 만하다.

가족회의를 위한 공간 역시 거실에 마련한다. 중앙에 테이블을 놓고 소파와 의자를 원형이나 U자형으로 배열해 대화를 원활하게 할 수 있는 구조를 만든다. 거실이 작을 경우, 접이식 테이블이나 상을 활용해 필요할 때만 사용할 수 있도록 한다. 조명은 천장 조명 외에 스탠드나 테이블 램프를 사용해 부드럽고 따뜻한 분위기를 조성한다. 벽에 화이트보드를 설치해 논의 내용을 정리할 공간을 추가하고, 회의 자료를 보관할 수 있는 수납장을 배치해 깔끔함을 유지한다. 러그를 활용해 회의 공간을 아예 시각적으로 구분해도 효과적이다.

거실을 학습 공간으로 활용하는 방법

거실은 아이가 공부하는 동안 부모의 관심과 격려를 받을 수 있어 학습 동기를 높여주는 곳이다. 일본의 교육자 오가와 다이스케의《거실공부의 마법》에서는 거실이 아이의 학습 공간으로 매우 적합하다고 이야기한다. 이 책에 따르면 거실은 가족이 가장 오랜 시간을 함께 보내는 장소로, 자연스러운 학습 환경을 조성하기에 가장 좋은 공간이다. 거실에 도감, 지도, 사전을 두면 아이는 궁금한 것이 있을 때 쉽게 찾아볼 수 있고, 거실에서 공부하면 부모의 감독하에 공부 습관을 기를 수 있으며, 부모와의 상호 작용을 통해 학습 동기를 자극받을 수 있다. 특히 초등학생까지는 거실에서 부모와 함께 학습하는 것이 효과적이라고 한다.

러시아의 교육학자 레프 비고츠키Lev Vygotsky의 사회 문화적 이론에 따르면, 아이는 사회적 상호 작용을 통해 학습하는데, 이때 어른이나 또래의 협력이 중요하다. 비고츠키는 근접 발달 영역Zone of Proximal

Development, ZPD이라는 개념을 통해 아이가 어른이나 또래의 도움으로 혼자 해결할 수 없는 과제를 해결하면서 학습이 이뤄진다고 설명한다. 이를테면 부모가 블록 쌓기를 도와주거나 친구가 퍼즐을 함께 맞춰주는 과정에서 학습이 이뤄지는 것이다.

이런 의미에서 거실은 가족 간의 상호 작용이 활발한 장소로, 아이가 학습하는 데 이상적인 환경이 된다. 거실 벽에 세계 지도를 붙이고 아이가 관심 있는 국가에 대해 질문할 때마다 함께 찾아보면 좋다. 그러면 아이는 자연스럽게 지리와 관련된 지식을 쌓아갈 수 있다. 태양계나 별자리 포스터로 탐구심을 자극하거나 화이트보드를 설치해 창작 활동을 독려해도 효과적이다.

아이가 어렸을 때 나는 매일 아침 거실 테이블에 경제 신문을 올려뒀다. 아이가 거실에서 아침 식사를 기다리는 동안 자연스럽게 신문을 들여다볼 수 있도록 의도한 것이다. 물론 절대 강요하진 않았다. 경제는 학교에서 잘 가르쳐주지 않는 영역이라 자연스럽게 터득하도록 도와주고 싶었다. 이런 영향 때문인지 지금 아들은 펀드 매니저로 일하고 있다.

거실을 서재로 활용하는 방법

거실의 크기와 구조에 맞춰 서재를 만들려면, 작은 거실에서는 벽면에 높은 책장을 설치하고 접이식 책상이나 소파 테이블을 활용해 공간을 절약한다. 구석이나 창가에 작은 작업대를 배치하는 것도 효과적이다. 거실이 넓다면 책장이나 파티션으로 서재와 휴식 공간을 구분하거나 넓은 책상과 작업대를 배치해 독립적인 서재 공간을 조성한다.

한동안 우리나라에서는 거실을 서재로 바꾸기가 유행한 적이 있다. 지금도 아이가 있는 가정에서는 거실에 TV를 없애고 책장을 놓는 사례를 흔히 볼 수 있다. 거실을 서재로 바꾸는 것은 아이가 책 읽기와 학습에 집중할 수 있는 환경을 조성하는 데 물론 효과적일 수 있다. 하지만 아무리 좋은 방법이라도 단점은 존재하기 마련이다. 책 읽기를 권하는 것은 중요하지만, 아이가 책만 보고 생활할 수는 없으며, 그것이 언제나 괜찮은 방법이라고 보기도 어렵다.

그러므로 거실을 서재로 고정하기보다는 공간을 보다 유연하게 활용하는 것이 더 효과적이다. 예를 들면 거실을 공유 서재나 이동식 서재 형태로 활용하는 방법도 있다. 거실 전체를 서재로 만드는 대신에 이동식 책장이나 접이식 가구를 활용하면 필요할 때만 서재로 사용하면서도 다른 용도로 공간을 활용할 수 있어 실용적이다. 하나로 고정되지 않고 가족의 생활 방식과 아이의 성장 단계에 따라 유연하게 변화할 수 있도록 하는 게 가장 이상적이다.

🏠 서재와 학습 공간

책 읽기와 학습을 위한 조용한 공간은 아이의 인지 발달과 집중력 향상에 중요한 역할을 한다. 책 읽기와 학습만을 위한 방을 따로 마련하기가 어렵다면(아마 대다수가 그럴 것이다), 거실이나 아이 방에 학습 코너를 두는 것이 효과적이다.

거실은 가족과 함께하는 공간이라는 장점을 살려서 학습 코너를 만든다. 거실 한쪽 벽면에 책장과 책상을 배치해 아이가 정서적 안정감을 느끼며 학습할 수 있는 환경을 조성하는 것이다. 단, 소음을 줄이기 위해 구석이나 창가처럼 거실 안에서도 조용한 위치를 선택하는 것이 좋다.

아이 방에 학습 코너를 마련하면 독립된 공간에서 집중력을 높일 수 있다. 창가 근처에 책상과 책장을 배치해 자연광을 활용하고 최대한 깔끔하게 유지해 학습 효율을 높인다. 아이와 부모가 늘 함께하는 공간이 아니어서 부모의 감독이 어렵기는 하지만, 학습 진척도를 꼼꼼하게 확인하는 방식으로 보완할 수 있다.

앞선 2가지를 여러모로 따져본 다음에 가족의 생활 방식과 집의 구조, 아이의 성향을 고려해 적합한 방법을 선택하거나, 접이식 책상 등 이동 가능한 가구를 활용해 공간을 유연하게 구성하는 것도 좋은 방법이다.

🏠 놀이 공간

놀이 공간은 아이가 자유롭게 놀면서 창의력을 발휘할 수 있는 환경으로, 아이의 성장과 발달을 지원한다. 이 공간에는 다양한 미술 도구를 비치해 아이가 그림을 그리거나 종이접기를 하는 등 창의적인 놀이를 할 수 있도록 하고, 역할 놀이 장난감을 준비해 부엌 놀이, 의사 놀이 등 여러 가지 상황을 재현하며 사회적 기술과 문제 해결 능력을 키울 수 있게 한다.

놀이 공간에는 안전을 위해 부드러운 매트를 깔고, 체계적인 수납 공간을 마련해 아이가 정리 습관을 기를 수 있게 하면 좋다. 특히 아동기에는 놀이를 통해 감정을 표현하고 상상을 하면서 세상을 배우므로 다른 연령대보다 놀이 공간에 신경을 쓰도록 한다.

🏠 가족 공간

가족 공간은 가족이 함께 시간을 보내며 유대감을 키울 수 있는 장소로, 거실, 다용도실 또는 아이 방의 일부를 활용해 만든다. 거실에는 노래방 기기나 댄스 매트를 설치해 음악 활동을 즐길 수도 있고, 퍼즐 테이블이나 DIY 작업대를 두어 협력과 소통을 강화할 수도 있다. 또 벽면에는 가족사진으로 콜라주를 만들어 추억을 표현할 수도 있다. 다용도실은 DIY 작업대와 수납 공간을 설치해 가족 프로젝트를 진행하는 전용 공간으로 활용할 수 있으며, 아이 방 한쪽에는 책 읽기, 미술, 음악 활동 등을 위한 소규모 공간을 마련할 수 있다. 가족 공간은 이동식 가구와 따뜻한 조명을 사용해 유연하고 아늑하게 구성하고, 가족 작품을 전시해 성취감을 느끼도록 돕는 것이 중요하다. 가족 간의 협력과 소통을 촉진하며 특별한 추억을 쌓아가는 장소로 거듭날 수 있도록 말이다.

🏠 부엌과 식사 공간

부엌과 식사 공간은 가족이 함께 밥을 먹고 대화를 나누면서 유대감을 강화할 수 있는 장소다. 이때 아일랜드 부엌은 가족이 함께 요리하고 식사를 준비하면서 자연스럽게 소통하는 공간이 되는데, 이곳에서 아이는 부모와 함께 요리하며 책임감을 느끼고 자존감을 키운다. 또 요리 과정에서 여러 식재료를 다루고 새로운 조합을 시도하면서 문제 해결 능력과 창의적 사고를 발달시킨다. 되도록 식사 시간에는 TV를 끄고 스마트폰을 멀리 둔 채 가족 모두가 하루 동안의 경험을 이야기하는 시간을 갖도록 노력한다. 이러한 시간은 아이의 언어를 발달시키고 사회적 기술을 향상시키는 데 도움을 준다.

사실 부엌과 식사 공간은 어떤 아이템으로 어떻게 꾸미느냐보다는 아이에게 어떻게 다가가느냐가 훨씬 중요하다. 그러므로 부모는 부엌과 식사 공간이 아이에게 좋은 추억을 선물하고 성장의 기회가 될 수 있도록 노력하면 된다.

🏠 야외 공간

정원이나 마당이 딸린 단독 주택에서 야외 공간은 가족의 유대감을 강화하는 장소다. 가족이 함께 식물을 심고 정원을 가꾸며 자연과 교감하고, 공놀이, 자전거 타기, 산책 등 신체 활동을 하며 소통과 협력을 증진할 수 있다. 야외 공간에서 간단한 피크닉을 즐기며 대화를 나누는 시간은 가족에게 특별한 추억을 만들어준다.

집에 별다른 야외 공간이 없는 경우에는 베란다를 활용한다. 베란다에 화분을 두어 아이와 함께 식물을 키우거나 작은 테이블과 의자를 놓아 소규모 피크닉 분위기를 조성함으로써 자연과의 교감을 이어갈 수 있다. 공간의 크기와 형태에 따라 다르게 활용하되, 가족 간의 유대를 강화하고 즐거운 시간을 공유하는 데 초점을 맞추는 것이 중요하다.

아이와 부모가
모두 만족하는
아이 방

아이 방을 만들 때 생각해야 할 것들

①

⌂ 언제 만들어야 할까?

"아이 방은 언제부터 필요할까요?"

"아이 방에 언제부터 따로 재우나요?"

"아이 방에 언제쯤 책상을 들여야 할까요?"

"아이 방은 언제쯤 다시 한번 꾸며줘야 할까요?"

어느 맘카페에 올라온 질문들이다. 언제쯤 아이의 방이 필요하고, 또 따로 만들어줘야 할지를 궁금해하는 분들이 많다. 아이 방을 만드는 시기는 부모와 아이의 필요나 상황에 따라 다르겠지만, 대개는 아이의 독립적인 수면과 성장에 맞춰 준비하면 좋다. 아이의 안전과 편안함을 최우선으로 고려하되, 아이의 성장을 지원할 수 있는 유연한 공간을 마련하는 것이 중요하다. 그런 의미에서 몇 가지 눈에 띄는 시기가 있다.

첫째, 아이가 태어나기 전에 아이 방을 만드는 경우다. 이때 아이 방을 만들면 부모가 신생아를 편안한 마음으로 맞이하는 데 도움이 되며, 출산 후에 발생할 수 있는 스트레스까지 줄여준다. 아이가 아늑하게 잘 수 있고, 수유용품, 기저귀, 옷 등 다양한 육아 아이템을 정리할 수 있는 공간으로 마련한다.

둘째, 아이에게 독립적으로 자는 습관을 길러주기 위해 아이 방을 만드는 경우다. 보통 생후 6개월에서 1년 사이다. 이때는 아이가 자기 방에서 잠을 자며 독립성을 기를 수 있게 하고, 또 안전한 놀이 공간을 준비해 아이가 방 안에서도 놀 수 있게 해준다.

셋째, 무엇이든 "내가, 내가!"를 외치며 독립성이 발달하기 시작하는 3~4세 시기다. 이때 방을 따로 만들어주면 아이의 인지·정서·사회 발달을 효과적으로 지원할 수 있다. 아이는 방을 꾸미는 과정에서 자신의 취향과 개성을 표현하며, 좋아하는 색상과 테마로 꾸며진 공간에서 안정감과 즐거움을 느낀다. 이러한 환경은 아이의 정서적 안정감을 높이고 놀이와 학습을 자유롭게 탐구할 수 있는 기반이 되어준다. 또 아이는 자기 방이 생기면서부터 본격적으로 물건을 정리하고 공간을 관리하는 방법을 배우는데, 이를 통해 일상에서의 질서와 책임감도 깨닫는다. 따라서 3~4세 시기에 방을 따로 만드는 것은 아이의 독립심과 자기 존중감을 키우고 성장 과정에 필요한 다양한 경험을 제공하는 의미 있는 선택이라고 할 수 있다.

⌂ 어디에 만들어야 할까?

집 안에서 아이 방의 위치

아이 방은 조용하고 자연광이 잘 들어오는 위치로 정하는 게 가장 좋다. 자연광은 아이의 생체 리듬과 기분에 긍정적인 영향을 미칠 뿐만 아니라 낮과 밤의 변화를 경험하게 하여 하루의 흐름과 시간 감각을 익히고 건강한 수면 패턴을 형성하는 데 도움을 준다. 큰 창문이 있는 방은 자연광이 충분히 들어오며, 바깥 풍경이라는 시각적 자극을 전달해 아이의 상상력을 키우고 심리적 안정감까지 더해준다.

아이 방을 부모 방 옆으로 정하면 아이와 부모 사이의 소통 및 관리가 수월해져 아이와 부모 모두 안정감을 느끼고 유대감을 강화할 수 있다. 특히 신생아 때부터 아이 방을 따로 만든다면 부모 방과 아주 가까운 위치에 두는 것이 가장 이상적이다. 밤중 수유 등 돌보기가 편하고 아이에게 안락함과 안전감을 주기 때문이다.

주거 형태에 따른 아이 방의 위치

투룸, 쓰리룸, 복층 등 주거 형태에 따라서도 아이 방의 위치와 구성이 달라진다. 투룸이나 쓰리룸에서는 집의 전체 크기와 구조를 고려해 아이가 공간을 최대한 활용할 수 있도록 배치한다. 투룸에서는 벽면에 수납 공간을 마련해 공간을 효율적으로 사용하고, 쓰리룸에서는 아이 방을 놀이 공간과 학습 공간으로 나누어 활용할 수 있다. 거실이 따로 없는 작은 집에서는 효율적인 공간 활용이 중요한데, 아이 방을 하나의 독립 침실로 설정하고, 나머지 공간을 거실 겸 부엌으로 활용하는 구조가 효과적이다.

약 $56m^2$(17평) 정도의 거실 없는 투룸에서는 아이 방을 침실로 사용하고 거실 겸 부엌 공간을 마련해 집의 효율성을 높인다. 거실 겸 부엌에서는 하나의 탁자를 식탁, 학습 공간, 가족회의용으로 사용하고, 아이가 놀이나 공부를 하는 동안 부모는 요리를 준비하며 자연스럽게 소통한다. 벽걸이형 TV, 접이식 테이블, 벽면 선반 등을 활용해 공간을 효율성을 극대화하여 바닥 공간을 확보하는 것도 좋은 방법이다. 또 아이 방은 수납형 침대와 책상을 배치해 수납, 놀이, 학습 공간을 통합하면 효과적이다. 그리고 거실 겸 부엌에는 접이식 소파 침대를 놓아 낮에는 휴식 공간으로, 밤에는 침대로 활용하면 좁은 공간을 다용도로 쓸 수 있다.

복층 구조의 경우, 아이 방을 위층에 배치해 독립적인 공간을 줄 수 있지만, 이에 앞서 난간과 계단에 안전장치를 설치해 안전사고를 예방하는 것이 중요하다. 1층에는 거실과 부엌을, 2층에는 아이 방과 부모 방을 배치해 공용 공간과 개인 공간을 구분하면 가족 간의 소통과 독립적인 생활을 동시에 누릴 수 있다.

🏠 어떻게 만들고, 무엇을 생각해야 할까?

아이의 성별과 연령

아이는 성별과 연령에 따라 선호하는 색상과 스타일이 달라지는데, 이를 방에 적절히 반영하면 더욱 편안함과 만족감을 느낄 가능성이 크다. 이를테면 여자아이는 부드럽고 아기자기한 색상과 패턴을, 남자아이는 선명하고 강렬한 색상을 선호하는 경향이 있을 수 있다. 또 아동기에는 안전하고 부드러운 재질의 수납장을, 초등학생 이상이라면 책상이나 책장 같은 학습 가구를 마련한다.

아이 방을 만들 때는 아이의 발달 단계에 맞춰 가구와 인테리어를 조정하는 것이 바람직하다. 예를 들어 어린아이의 방에는 바닥에 부드러운 매트를 깔아 안전한 놀이 공간을 조성해주고, 초등학생의 방에는 학습할 때 필요한 책상과 책장을 배치한다. 이때 모든 연령대에서 중요한 요소는 가구의 모서리를 둥글게 처리하고 키가 높은 가구는 벽에 고정해 안전을 확보하는 것이다. 그리고 아이의 신체 변화에 맞춰 방을 조금씩 바꿔주는 것도 필요하다. 소소하게는 인형, 화분, 포스터 등 작은 인테리어 소품부터 커튼, 이불, 벽지, 가구까지 단계적으로 변화시키면 된다. 아동기, 학령기, 청소년기 등 성장 단계에 따라 책상과 의자 같은 필수 가구는 아이의 키와 몸무게에 맞게 교체해야 한다.

나는 아이의 성장 단계, 즉 아동기, 학령기, 청소년기에 맞춰 때마다 가구를 바꿔줬다. 그리고 가구를 바꿀 때마다 벽지도 함께 바꿨다. 아이의 성장 단계와 취향에 따라 방의 분위기를 새롭게 연출하고, 가구와 조화를 이뤄 정서 안정과 만족감 및 학습 효율을 높이기 위함이었다. 벽지의 색상과 디자인 역시 아이의 연령에 따라 선호도가 변했다. 아동기에는 활발하고 생동감 있는 분위기를 위해 그린 계열의 벽지를 선택했고, 학령기에는 차분하고 집중력을 높이는 블루 계열, 청소년기에는 안정적이고 성숙한 느낌을 주는 베이지 계열로 선택했다. 중학교 입학 즈음에는 밝고 따뜻한 목재로 만들어진 책상과 책장을 마련해 학습 환경을 한층 쾌적하게 조성했다. 목재의 색도 다양하기에 연령에 맞는 색을 고르는 것이 좋은데, 아이가 자랄수록 점점 짙은 색으로 하면 된다.

아이의 취향과 관심

취향은 특정 사물, 주제, 활동 등에 대한 개인적인 선호와 흥미를 의미하며 개인의 개성과 정체성을 형성한다. 아이의 취향은 동물, 공룡, 캐릭터, 취미 활동 등으로 다양하게 나타나는데, 이를 방에 반영하면 아이에게 큰 만족감과 소속감을 줄 수 있다. 예를 들어 동물을 좋아하는 아이는 동물 테마의 침구나 장식을, 공룡을 좋아하는 아이는 공룡 포스터와 장난감을 활용해 방을 꾸며주면 효과적이다. 특정 캐릭터를 좋아한다면 관련 물품으로 아이의 흥미를 반영한 방 인테리어를 할 수 있다.

학습을 중요시하는 아이에게는 조용하고 정돈된 학습 공간을 마련해줘야 한다. 편안한 책상과 의자를 들이고 필요한 학습 도구를 깔끔하게 정리해 쉽게 사용할 수 있도록 해야 한다. 창의적인 활동을 선호하는 아이에게는 자유롭게 활용할 수 있는 예술 공간이나 놀이 공간을 만들어줘야 한다. 벽에 커다란 종이를 붙여 그림을 그리게 하거나 종이나 점토 등 다양한 재료가 가득한 별도의 작업대를 준비해서 만들기를 하게 하면 아이의 창의력을 효과적으로 발달시킬 수 있다. 그리고 어린아이의 방은 놀이와 학습이 균형을 이루는 공간으로, 청소년의 방은 독립적인 학습과 자기표현이 가능한 공간으로 구성하면 좋다.

아이의 방에 아이의 취향을 반영하는 것은 아이가 자기 공간에 소속감을 느끼고 만족감을 얻으며 집중할 수 있는 환경을 만드는 일이다. 5세 여자아이의 방을 예로 들어보자. 아이가 좋아하는 분홍색과 공주를 테마로 방을 꾸며주자, 아이가 방에서 보내는 시간이 늘어났고 친구들을 초대해 함께 놀며 그 안에서 행복감을 느끼는 모습이 자주 보였다. 방은 아이가 상상력을 펼치고 자아를 확장해나가는 작은 세계가 되었다. 10세 남자아이의 경우도 비슷했다. 축구를 좋아하는 아이를 위해 축구 테마로 방을 꾸미면서 책상을 따로 마련해줬다. 결과는 놀라웠다. 아이는 이전보다 훨씬 공부에 집중하게 되었고, 축구 연습을 마친 후에는 방에서 편안히 쉬면서 점차 규칙적인 생활 패턴을 형성했다.

아이에게 자기 방이란 '나만의 공간'이라는 메시지 그 자체다. 그리고 그 메시지는 아이가 자기만의 세계를 구축하는 토대가 되어준다.

아이의 성향

내성적인 아이에게는 조용히 혼자만의 시간을 보낼 수 있는 비밀 공간이 필요하다. 방 한구석에 작은 텐트나 쿠션을 두고 책이나 장난감을 놓으면 아이가 안정감을 느끼고 상상력을 키울 수 있다. 은은한 무드등으로 아늑한 분위기를 조성해도 효과적이다.

반면에 외향적인 아이는 활발하게 움직이는 활동을 선호하기에 바닥 공간을 넓게 확보해주는 게 좋다. 접이식 책상이나 수납형 침대를 활용해 여유 공간을 만들고 이동식 수납함으로 물건을 정리하면 비교적 넓게 방을 쓸 수 있다.

아이 방을 이루는 색상

아이 방을 이루는 색상은 아이의 기분과 에너지 수준에 영향을 미칠 수 있다. 밝고 생동감 있는 색상은 빨간색, 노란색, 주황색, 연두색처럼 주로 따뜻한 계열의 색상으로, 아이에게 활력을 주고 에너지를 북돋울 수 있다. 반면에 부드럽고 차분한 색상은 파란색, 연한 녹색,

연한 회색, 베이지색처럼 주로 차갑거나 중립적인 계열의 색상으로, 아이에게 정서적 안정감과 편안함을 선사할 수 있다. 이처럼 색상은 아이에게 여러모로 영향을 미치므로 부모는 아이 방을 꾸밀 때 색상에 대해 깊이 고려해야 한다.

⌂ 연령과 발달 단계에 따른 아이 방은 어떤 모습일까?

영유아기(0~2세)

영유아기에는 안전과 탐색이 가장 중요하다. 이 시기의 아이는 주변 환경에 대한 호기심으로 탐색을 즐긴다. 그렇기에 부드러운 매트, 색상과 촉감이 다양한 장난감 등이 가득한 방을 마련하여 아이의 감각 발달을 촉진하면 좋다. 예를 들어 부드러운 봉제 인형과 스펀지 공은 아이에게 안정감을 주고, 나무 블록이나 퍼즐은 손끝의 감각을 자극한다. 촉감 카드와 책은 매끄러운 플라스틱, 고무, 천 등 다양한 질감을 경험하게 하며, 말랑한 블록과 점토는 소근육과 창의력 발달에 도움을 준다. 원목 블록이나 조약돌 퍼즐은 장난감이 자연과 연결되는 독특한 경험을 선사한다.

● Chat GPT로 구현한 영유아기 아이를 위한 방의 모습.

아동기(3~6세)

아동기에는 창의력과 상상력을 키울 수 있는 환경의 조성이 중요하다. 아이가 자유롭게 그림을 그리고 책을 읽을 수 있도록 방 안에 미술 도구와 책장을 배치하며, 상상 놀이를 위한 공간을 따로 마련한다. 또 다양한 색상의 블록과 장난감을 준비해 놀이를 통해 창의력을 키울 수 있는 환경을 만들어줘도 좋다. 따라서 이 시기에는 아이가 자기 생각을 마음껏 표현할 수 있는 여러 가지 도구와 재료를 방에 채워주는 것이 필수다.

상상 놀이는 아이가 상상력을 발휘해 현실에 없는 상황, 캐릭터, 역할 등을 만들어서 노는 활동으로, 상상력뿐만 아니라 창의력과 문제해결 능력, 사회적 기술을 발달시키는 데 중요한 역할을 한다. 의사나

● Chat GPT로 구현한 아동기 아이를 위한 방의 모습.

요리사가 되어보는 역할 놀이, 정글 탐험이나 우주여행 등 모험 놀이,
블록이나 레고로 건축물이나 도시를 설계하고 만드는 건설 놀이, 인
형이나 장난감을 활용한 인형극 놀이 등이 상상 놀이의 좋은 예다.

학령기 전기(7~9세)

학령기 전기에는 학습과 사회적 상호 작용에 초점을 맞춰 아이의
방을 꾸며준다. 아이의 신체에 맞게 조절이 가능한 책상과 의자 및 학
습 도구와 자료를 준비해 스스로 편안하게 학습할 수 있는 환경을 조
성하되, 아이가 언제든 친구들과 함께 보드게임 등을 하면서 놀 수 있
는 작은 테이블을 놓아 사회적 상호 작용을 촉진한다. 그리고 아이가
정리 정돈 습관을 기를 수 있도록 방 한쪽에 체계적인 수납 공간을 마

● Chat GPT로 구현한 학령기 전기 아이를 위한 방의 모습.

련해주는 것도 잊지 말아야 한다.

학령기 후기(10~12세)

학령기 후기 아이의 방을 꾸밀 때는 사적인 공간과 학습에 중점을
두고 아이가 자립심을 키우면서 집중력을 높일 수 있는 환경을 만들
어줘야 한다. 그래서 아이의 관심사와 취미를 반영한 방 구성이 특히
중요한데, 음악을 좋아하는 아이에게는 악기 연주 공간을 따로 마련
해주거나, 스포츠를 좋아하는 아이에게는 운동 기구를 준비해줄 수
있다. 물론 학습이 중요한 시기이기는 하지만, 너무 학습 중심으로만
공간을 끌고 가면 안 된다. 아이의 정서 안정과 창의력, 균형 잡힌 성
장을 저해할 수 있기 때문이다.

학습 중심의 환경은 학업에 도움이 되지만, 지나친 압박은 스트레스와 불안을 초래할 수 있다. 반면에 학습과 휴식, 놀이 공간이 조화를 이루는 환경은 스트레스 해소와 정서 안정, 자율성과 책임감 발달에 긍정적인 영향을 미친다. 그러므로 아이 방은 학습과 놀이 공간이 상호 전환되도록 구성하는 것이 바람직하다.

아이와 함께 만드는
아이 방

②

⌂ 아이의 의견을 반영하는 인테리어의 장점

아이의 의견을 반영하는 인테리어는 아이의 자아 존중감을 발달시킨다. 맞춤형 공간이 개인의 정체성과 자아 존중감을 강화할 수 있다는 것은 이미 심리학 연구를 통해 잘 알려진 사실이기도 하다. 미국의 조경학자 클레어 쿠퍼 마커스Clare Cooper Marcus와 조경 설계사 캐롤린 프랜시스Carolyn Francis가 함께 쓴《피플 플레이스: 도시 공공 공간 설계 지침People Places: Design Guidelines for Urban Open Space》(국내 미출간)에서는 사용자 중심의 접근 방식을 강조하며, 사용자의 필요와 욕구를 반영한 공간 디자인이 개인의 삶에 대한 만족도를 높여준다고 이야기한다. 아이도 마찬가지다. 아이가 자기만의 공간, 즉 방을 스스로 꾸미게 되면 아이는 자신이 가치 있고 중요한 사람임을 느끼게 되어 자아 존중감이 높아질 것이다.

예전에 내가 '문화로 행복한 학교 만들기' 프로젝트를 진행하면서 반드시 지킨 것이 있다. 바로 사용자 참여로 아이들의 의견을 반영하는 것이었다. 직접 현장 조사, 사례 조사, 공간 구상, 디자인 선정 등을 하면서 나는 아이들이 생각보다 훨씬 진취적이고 현명하다는 사실을 알게 되었다. 색을 고르는 과정에서 여학생들은 분홍색을 주로 골랐는데, 초등 저학년, 초등 고학년, 중학교, 고등학교 학생들이 좋아하는 분홍색이 모두 달랐다. 초등 2학년 여자아이에게서 "이 색은 저희가 원하는 분홍색이 아니에요"라는 말을 들었을 때는 정말 깜짝 놀랐다. 이처럼 아이들의 섬세한 의견을 반영하지 않는다면 아이들은 자신을 존중하지 않는다고 느낄지도 모를 일이었다.

아이가 어렸을 적에 집의 인테리어를 진행할 때 아이에게 원하는 것을 물어봤었다. 놀랍게도 아이는 가구 배치, 책상 크기, 의자 색, 벽지 무늬, 조명의 위치와 색, 그림 액자, 선반 등 구체적이고 정확한 의견을 제시했다. 심지어 이불의 색도 하늘색으로 요청했고, 책상과 책장에 사용될 목재의 색까지 섬세하게 선택했다. 초등학교에 다니는 어린아이가 이렇게 자세한 의견을 낼 수 있었던 이유는 그 방을 자신의 공간으로 여겼기 때문이다.

아이의 의견을 반영한 인테리어는 아이의 창의력과 독립성 발달에 긍정적인 영향을 미치며 부모와 자녀의 관계를 강화하는 데도 중요한 역할을 한다. 스위스의 심리학자 장 피아제Jean Piaget는 아이가 자신의 환경에 대한 결정권을 가질 때 창의력과 문제 해결 능력이 발달할 수 있다고 주장한다. 아이가 자신의 공간을 꾸미는 과정에서 독립적으로 의사 결정을 내리는 연습을 반복하기 때문이다. 영국의 저명한 소아과 의사이자 정신 분석가인 도널드 위니콧Donald Winnicott은 아이가 자신의 환경에 대해 의견을 제시하고 그 의견이 존중받을 때 부모와 자녀 간의 신뢰와 상호 존중이 증진된다고 이야기한다. 따라서 부모와 아이가 함께 가구 배치나 벽지 색상을 선택하기 위해 시간을 보내고 대화하는 과정은 부모와 자녀 간의 유대감을 더욱 강화시킬 수 있는 것이다.

🏠 아이의 의견을 반영하는 인테리어의 단점

아이의 의견을 반영하는 인테리어에는 몇 가지 단점과 도전 과제도 존재한다. 우선 예산과 실용성이라는 한계가 있다. 때때로 아이는 비현실적인 고가의 아이템을 원할 수 있으며 아이의 선택이 실용적이지 않거나 안전하지 않을 수도 있다. 이때 부모는 예산, 실용성, 안전성에 대한 가이드라인을 제시해 아이와 함께 대안을 모색해야 한다. 만약 아이가 방 안에 둬야 한다며 고가의 장식품을 고집한다면, 부모는 예산을 설명한 다음에 저렴하면서도 비슷한 효과를 낼 수 있는 대안을 제시하는 것이다.

아이의 변덕스러운 선호와 지속성이라는 문제도 있다. 아이의 취향과 선호는 정말 빠르게 변한다. 오늘 죽고 못 사는 캐릭터가 몇 달 후에는 관심 밖으로 밀려날 수도 있다. 그렇기에 유연하고 쉽게 변경할 수 있는 인테리어 요소를 선택하거나 아이의 변덕스러운 선호를 반영하는 방법에 대한 논의가 필요하다. 이를테면 아이가 좋아하는 캐릭터의 벽지로 방을 꾸며달라고 한다면, 쉽게 제거하거나 교체할 수 있는 벽 스티커를 사용하는 것이다. 이렇게 하면 아이의 취향과 선호가 변할 때 쉽게 변경할 수 있다.

가족 간의 의견이 충돌할 수도 있다. 공용 공간을 꾸밀 때 가족 구성원 간의 갈등은 색상, 스타일, 공간 활용, 장식, 디지털 장치 배치, 정리 습관 등에서 자주 발생한다. 예를 들어 아이가 밝고 생동감 있는 색상과 현대적인 스타일을 선호하는 반면, 부모는 중립적인 색상과 전통적인 스타일을 선호할 수 있다. 공간 활용에서도 부모는 조용한 휴식 공간을, 아이는 놀이 공간을 원하며, 가구 선택에서도 크고 푹신한 소파와 심플한 의자 사이의 취향 차이가 갈등을 유발할 수 있다. 장식에서도 부모는 단정함을, 아이는 자기가 만든 작품을 전시하고 싶어 하는 등 의견 차이가 나타난다. 디지털 장치 배치와 정리 습관에서도 부모는 깔끔하고 절제된 공간을, 아이는 자유롭게 활용할 수 있는 공간을 선호해 갈등이 생길 수 있다. 이런 문제를 해결하기 위해서는 가족 간의 협의와 타협을 장려하고 각자의 의견을 존중하는 문화를 만들어야 한다. 이를테면 거실과 같은 공용 공간의 인테리어를 결정할 때 가족회의를 통해 각자의 의견을 듣고 타협점을 찾는 과정을 거치는 것이다.

아이 방을 만들 때 필요한 것들

③

🏠 아이 방에 필요한 공간

아이 방에는 신체·인지·정서·사회 발달에 필요한 주요 공간으로, 독서 및 학습 공간, 놀이 공간, 미술 및 창작 공간, 음악 공간, 신체 활동 공간, 휴식 및 수면 공간, 구석 및 틈새 공간이 있다. 아이에게 언제나 모든 공간이 필요한 것은 아니다. 연령에 따라, 발달 단계에 따라, 집의 크기에 따라 필요한 공간을 선택적으로 적용하면 된다.

독서 및 학습 공간

기본적으로 책장, 책상, 의자가 있어야 한다. 낮고 안전한 책장을 사용해 아이가 스스로 책을 꺼내고 정리할 수 있도록 하고, 아이의 키와 몸무게에 맞는 책상과 의자를 준비한다. 아이 방에 자연광이 들어 온다면 책상은 빛이 적게 들어오는 곳이 좋다. 남쪽 창가처럼 햇빛이 강하게 들어오는 곳은 눈부심으로 인해 집중력을 떨어뜨리고 시력 저하를 유발할 수 있기 때문이다. 또 창문 가까이는 햇볕이 체온을 높 여 졸음이 오거나 겨울철에는 찬 기운으로 감기에 걸릴 위험이 있다. 책상을 창문에서 떨어진 곳에 놓으면 외부 자극을 줄여 집중력을 유 지하기가 수월하다.

책상 주변에는 그림책, 동화책, 문제집 등의 책과 단어 카드, 수학 교구, 과학 실험 키트 등 학습 자료를 준비해 아이가 새로운 지식을 습득할 수 있도록 한다. 책장은 주제별, 난이도별로 책을 정리하여 아 이가 관심 있는 책을 쉽게 찾을 수 있도록 한다. 연필, 색연필, 지우개, 공책 등 기본적인 학습 도구는 연필꽂이와 서랍 등을 활용해 항상 깔 끔하게 정리된 상태로 유지한다.

놀이 공간

장난감을 종류별로 정리할 수 있는 보관함을 마련하고 라벨을 붙 여 아이가 쉽게 장난감을 정리하고 찾을 수 있도록 한다. 인형 놀이, 부엌 놀이, 의사 놀이, 공구 놀이 등 역할 놀이 장난감을 준비해 아이 의 상상력과 창의력을 자극하고 사회성 발달에 도움이 되게 한다. 레 고나 블록은 아이가 창의력을 발휘할 수 있는, 퍼즐은 문제 해결 능력 과 집중력을 기를 수 있는 훌륭한 놀잇감이다. 아이가 다치지 않고 안전하게 놀 수 있도록 놀이 공간에는 부드러운 매트나 카펫을 깔아준다. 이때 매트나 카펫은 청소하기 편하고 알레르기를 유발하지 않는 재질로 선택한다.

미술 및 창작 공간

물감, 크레파스, 색연필 등을 사용할 수 있는 크기의 테이블과 의자를 놓는다. 테이블은 크레파스나 물감이 묻어도 쉽게 지워지는 재질로 선택한다. 미술 도구를 정리할 보관함을 준비하여 필요할 때 쉽게 찾을 수 있게 하고, 작품을 전시할 벽면이나 코르크 보드를 마련하여 아이가 자신의 창작물을 존중하고 자부심을 느낄 수 있게 한다. 바닥재 역시 물감 등으로 인해 쉽게 지저분해질 수 있으므로 잘 닦이는 재질로 선택하는 것이 좋다. 방수 매트나 비닐 시트를 깔아두면 청소가 더 편리하다. 또 아이가 자유롭게 그림을 그리거나 글씨를 쓸 수 있는 칠판이나 자석 보드를 벽에 설치해 창의성을 발휘할 수 있게 한다.

음악 공간

공간의 크기에 여유가 있다면 피아노, 바이올린, 기타 등 아이가 직접 연주할 수 있는 악기를 배치하고, 소형 악기인 실로폰, 탬버린, 마라카스 등도 준비한다. 아이가 음악을 듣고 감상할 수 있는 스피커나 이어폰을 갖추고 아이에게 다양한 장르의 음악을 제공해 음악적 취향을 넓힐 수 있게 한다. 음악에 맞춰 율동을 하거나 춤을 출 수 있는 공간을 마련하면 아이가 음악을 더 즐겁게 경험할 수 있다. 이때 거울을 설치해보자. 아이가 자신의 율동이나 춤을 보면서 따라 할 수 있어 더욱 재미있다. 거울을 두면 율동이나 춤뿐만 아니라 신체 균형을 잡는 데도 큰 도움이 되고 어른에게도 유용하다. 나는 집 안의 코너 벽에 천장까지 닿는 큰 거울을 설치했는데, 원래 목적은 집을 넓어 보이게 하는 것이었다. 하지만 지금은 가족 모두에게 다양한 용도로 활용되고 있다. 특히 아들은 테니스 동작을 연습할 때 가장 큰 도움이 되었다고 했다.

신체 활동 공간

부드러운 놀이 매트를 깔아서 충격을 흡수해 넘어져도 다치지 않게 한다. 점핑볼, 말랑한 블록, 미니 트램펄린 등 아이가 운동할 수 있는 도구도 준비해주면 좋다. 공간의 크기에 여유가 있다면 균형 잡기 놀이기구나 터널을 놓아 아이가 균형 감각과 대근육 발달을 촉진할 수 있게 한다. 이를테면 나무 발판, 스텝 블록, 미니 계단 등 다양한 높이의 발판이나 스테핑 스톤, 균형 빔, 보수 볼 등 균형 놀이 장비를 마련해 여러 가지 놀이를 시도하면 효과적이다.

휴식 및 수면 공간

휴식 및 수면 공간은 아이가 충분한 휴식을 취할 수 있도록 아늑하고 따뜻하게 꾸며야 한다. 아이가 편안하게 잠을 잘 수 있는 침대를 놓고 연령에 맞는 침구를 사용한다. 침구는 피부 자극이 없는 천연 소재(면, 리넨, 모달, 대나무 섬유 등)의 제품을 고르는 것이 좋다. 그리고 따뜻한 색감의 조명과 부드러운 재질의 커튼과 러그로 편안함을 더한다. 침대 근처에는 작은 독서 코너를 만들어서 자기 전에 책을 읽을 수 있는 환경을 제공하고, 벽지나 침구 등은 차분한 색상으로 선택해 아이가 안정감을 느낄 수 있게 한다. 파스텔이나 흰색, 회색, 베이지색 등 중성색이 아늑한 분위기 조성에 도움이 된다.

구석 및 틈새 공간

아이 방에서는 구석이나 틈새 공간의 활용이 중요하다. 애착 이론과 환경 심리학에 따르면, 아이는 구석이나 동굴 같은 공간에서 안전함을 느끼며 자아 정체성을 형성해나간다. 따라서 아이 방에는 구석이나 다락방, 동굴 같은 틈새 공간을 마련해주면 좋다. 벽면에 작은 텐트나 쿠션을 배치해 아이가 자신만의 비밀 공간을 만들 수 있게 하는 것이다. 독일의 발달 심리학자 에릭 에릭슨Erik Erikson의 발달 이론에 따르면, 아이는 특정 발달 단계, 즉 자율성 대 수치심(2~3세)과 주도성 대 죄책감(3~6세) 단계에서 자율성과 독립성을 형성하는 것이 중요하다. 다락방이나 구석 공간은 아이가 이러한 특성을 발달시키는 데 도움을 준다.

아이의 학습 공간, 집중력과 창의력의 균형

아이의 학습 공간은 집중력이 필요한 공간과 창의적인 활동을 위한 공간으로 나누는 것이 좋다. 미국 펜실베이니아대학교 심리학과 교수인 앤절라 더크워스Angela Duckworth의 연구에 따르면, 집중이 필요한 학습과 창의적 활동은 서로 다른 환경적 요인을 필요로 한다. 조용하고 정돈된 환경은 집중력을 높이고, 자유롭고 자극적인 환경은 창의성을 촉진한다. 아이 방의 한쪽은 조용한 학습 공간으로 책상과 의자를 배치하고 최소한의 장식을 두며, 다른 한쪽은 창의적인 활동을 위한 공간으로 다양한 미술 도구와 작품을 전시할 수 있는 벽을 마련하면 된다.

학습 공간은 자연광이 충분하게 들어오는 곳이 이상적이다. 자연광이 부족하다면 밝고 균일한 조명을 설치해 눈의 피로를 줄여야 한다. 불필요한 장식이나 스마트폰, 게임기 등 방해 요소는 가능한 한 멀리 두고, 책상 역시 방문에서 적당한 거리를 두어 학습에 방해되지 않게 한다.

창의적인 활동을 위한 공간은 유연한 구성이 필요하다. 이동식 책상이나 접이식 의자 등을 활용해 아이가 필요에 따라 공간을 자유롭게 구성할 수 있게 해야 한다. 벽에 아이의 작품을 걸어두고, 다양한 미술용품을 준비하며, 아이가 관심 있는 주제의 책이나 예술 작품도 놓아둔다. 부드러운 러그나 쿠션으로 편안한 분위기를 조성하는 것도 중요하다.

천장 높이도 아이의 학습과 창의력에 영향을 준다. 높은 천장은 개방감을 주고 창의적 사고를 촉진하며, 낮은 천장은 집중력과 세부 사항에 대한 주의를 높이는 데 도움이 된다. 따라서 아이 방이 기본적으로 천장이 낮은 공간이라면 시각적 요소를 통해 공간을 넓고 개방감 있게 만들어 창의적 사고를 촉진하는 디자인 전략이 필요하다. 다음과 같은 방법으로 아이가 집중력과 창의력을 발휘하는 최적의 학습 환경을 조성할 수 있다.

- 벽에 수직 라인의 벽지나 장식을 사용해 시선이 위로 향하게 한다.
- 바닥 램프나 테이블 램프를 사용해 공간에 깊이를 추가하고 천장이 밝게 보이도록 한다.
- 벽보다 천장을 밝은색으로 칠해 공간이 더 높고 넓어 보이게 한다.
- 가능한 한 큰 창문을 설치해 자연광을 더 많이 들어오게 하고, 창문 꼭대기를 천장 가까이에 두어 천장이 더 높아 보이게 한다.
- 높이가 낮은 가구를 선택해 공간을 더 넓어 보이게 한다.
- 벽의 상단 부분에 선반을 설치해 시선이 위로 향하게 한다.
- 문의 상단을 높게 설정해 천장이 더 높게 느껴지게 한다.

🏠 아이 방에 필요한 가구

아이 방을 꾸밀 때는 아이의 신체·인지·정서·사회 발달을 지원하는 가구와 인테리어 요소를 신중하게 선택하고 배치하는 것이 중요하다. 아이 방에 필요한 책장, 책상, 의자, 침대, 옷장과 수납장, 보관함, 소파, 빈백 등 가구를 선택할 때는 안전성, 내구성, 편의성을 최우선으로 한다.

책장, 책상, 의자

책장은 벽에 고정해서 안정성을 높이고 책을 쉽게 꺼낼 수 있도록 낮은 위치에 배치하면 좋다. 책장은 다채로운 색상이나 아이의 취향에 맞춘 디자인을 선택해 책 읽기에 대한 흥미를 유도할 수도 있지만, 아이 책은 대체로 색깔이 알록달록하기 때문에 책장은 되도록 튀지 않는 색으로 하는 게 좋다. 책장에는 책 이외에도 학용품이나 작은 장난감 등을 수납할 수 있는 다양한 크기의 선반과 서랍, 바구니 등이 있어야 한다. 일부 선반은 문을 달아 깔끔하게 정리할 수 있게 하면 좋다. 책에는 라벨을 붙여서 아이가 책을 주제별로 정리하고 찾을 수 있게 도와준다.

책상과 의자는 아이의 성장에 따라 높이를 다르게 한다. 높이를 조절할 수 있는 책상을 선택해 오랫동안 사용하는 방법도 있으며 의자는 책상과 높이를 맞춘다.

책상은 되도록 넓은 것으로 선택해서 책을 읽거나 공부할 때 불편함이 없도록 하고, 책상 위에는 서랍이나 연필꽂이 등을 놓아 정리 정돈을 편리하게 한다. 청소가 쉽고 내구성이 좋은 재질인지, 마감 처리가 깔끔하고 안전한지도 살펴본다. 그리고 책상 위의 유리는 없는 게 좋다. 유리는 나무보다 열전도율이 높아 냉기나 열기를 빠르게 전달해 졸음을 유발하며 빛을 반사해 눈에 자극을 줄 수 있다.

의자는 아이의 자세를 올바르게 유지할 수 있도록 등받이가 편안하고 쿠션이 있는 것으로 골라 장시간 앉아 있어도 불편하지 않게 한다. 되도록 바퀴 달린 의자는 사용하지 않는 게 좋은데, 부득이 바퀴 달린 의자를 사용한다면 이동이 편리하고 반드시 브레이크 기능이 있는 것으로 골라야 한다.

침대

처음에는 아기 침대, 그다음에는 유아 침대를 사용하다가, 아이가 성장하면 싱글 침대로 바꾼다. 아기 침대나 유아 침대를 사용할 때는 침대 양쪽에 안전 난간을 설치해 아이가 자는 동안 떨어지지 않게 하고 난간은 쉽게 탈부착할 수 있어야 한다. 집이 좁다면 침대 아래에 수납 공간이 있는 디자인을 선택해 공간 활용을 극대화한다.

침구는 피부에 자극이 없는 면이나 리넨 등 천연 소재를 선택해 아이가 편안하게 잠을 잘 수 있도록 한다. 이때 아이가 좋아하는 캐릭터나 색상으로 침실을 꾸미면 아이가 잠자리에 더 애착을 갖게 될 것이다. 침대는 아이 방의 한쪽 벽에 붙여서 안정감을 주고 수면 환경을 최적화한다. 이 배치는 공간을 효율적으로 사용하는 방법이기도 하다. 그리고 모서리가 둥글고 견고한 재질로 된 침대를 골라 아이가 다치지 않도록 한다.

갓난아이라면 침대 위의 천장에 시각 발달을 돕는 모빌을 설치한다. 모빌은 생후 1~4개월 동안 유용하며 다양한 색상과 디자인으로 아이의 관심을 끌 수 있다.

옷장과 수납장

옷장은 아이가 스스로 옷을 정리할 수 있게 높이가 낮은 제품으로 선택하고 넘어지지 않도록 벽에 고정한다. 옷장 내부는 아이의 성장에 따라 구조를 바꿀 수 있는 것이 좋은데, 옷걸이 높이와 선반 위치를 조정할 수 있는지 살핀다. 부드러운 레일을 사용해 문이나 서랍이 쉽게 열리고 닫히는지도 확인한다.

수납장은 여러 가지 소품을 정리할 수 있도록 다양한 크기로 마련한다. 서랍에 라벨을 붙여 아이가 스스로 정리할 수 있게 하고, 서랍 내부는 칸막이를 이용해 물건을 분류할 수 있게 한다. 필요에 따라 조립하거나 분리할 수 있는 모듈형 수납장을 선택하면 공간 활용에 유리하다.

보관함

보관함은 다양한 크기의 상자를 사용해 작은 물건부터 큰 물건까지 모두 정리할 수 있게 한다. 이때 투명한 수납 상자를 사용하면 시각적으로 정리 상태를 확인할 수 있다. 투명한 수납 상자는 내용물이 보여 물건을 쉽게 찾을 수 있고 정리 정돈 상태를 유지하는 데 효과적이다. 하지만 내부가 정리되지 않으면 지저분해 보일 수 있으므로 주의한다. 작은 물건은 별도의 파우치나 정리함에 담아 관리하면 시각적인 정리 정돈 효과를 극대화할 수 있다. 그리고 가능하다면 바퀴가 달린 보관함을 골라 쉽게 이동할 수 있게 하고, 보관함에는 각각 물건을 편리하게 정리할 수 있도록 라벨을 붙인다.

창작 활동 가구

아이 방에는 창작 활동을 위한 별도의 테이블과 의자도 필요하다. 물감, 크레파스 등을 사용할 수 있는 넉넉한 크기의 넓고 평평한 테이블을 놓아 활동 공간을 제공한다. 이때 테이블은 물이나 물감이 묻어도 쉽게 청소할 수 있는 방수 재질, 동시에 표면이 스크래치나 얼룩에 강한 재질로 선택한다. 또 안전을 고려해 모서리가 둥근 디자인으로 고르며, 미끄럼 방지 패드가 있는 테이블 다리를 선택해 안정성을 높인다. 의자는 아이가 편안하게 앉아서 창작 활동을 할 수 있도록 높이 조절이 가능하고 허리를 지지하는 등받이가 있는 것이 좋다. 의자가 바닥과 맞닿는 부분은 역시 미끄러지지 않는 재질이어야 한다.

소파와 쿠션

독서 코너에 소파나 쿠션이 필요하다. 아이가 편안하게 책을 읽을 수 있도록 소파나 쿠션을 마련한다. 이때 쿠션은 쉽게 들고 다니면서 여러 장소에서 사용할 수 있는 것으로 하되, 아이의 취향에 맞춘 디자인을 선택해 독서에 즐거움을 더하고, 쿠션 커버는 세탁이 가능한 재질인지를 꼼꼼하게 따져본다.

앞서 언급한 쿠션과 비슷한 용도의 제품으로 빈백이 있다. 빈백은 아이가 자유롭게 앉거나 누울 수 있는 편안한 가구로, 책 읽기, 게임, 휴식 등 다양한 활동에 쓰인다. 소파보다 가볍고 아이가 스스로 이동시킬 수 있어 자율성을 기르는 데도 도움이 된다. 더 나아가 빈백의 유연성과 편안함은 아이의 정서 안정과 창의력 발달에도 긍정적인 영향을 미친다.

신체 활동 기구

신체 활동을 위한 놀이 매트와 균형 잡기 기구도 필요하다. 놀이 매트는 청소가 쉽고 물세탁이 가능하며 알레르기를 유발하지 않는 재질로 선택한다. 이를테면 EVA폼, TPU(열가소성 폴리우레탄), 환경 친화적 PVC, 천연고무, 코르크와 같은 충격 흡수와 알레르기 방지에 적합한 재질로 만든 것이 좋다. 균형 잡기 기구는 안전을 최우선으로 하여 아이가 흥미를 느끼는 디자인으로 고른다. 스테핑 스톤, 균형 빔, 보수 볼, 윙클 보드, 미니 트램펄린 등이 아이가 균형을 잡으며 신체 감각을 발달시키는 데 효과적인 기구다.

추가적인 장식 요소

아이 방에 추가적인 장식 요소로는 코르크 보드, 칠판, 화이트보드가 있다. 아이의 작품을 전시할 수 있도록 벽에 코르크 보드를 설치해 창의력을 존중하고 자부심을 느끼게 한다. 칠판이나 화이트보드는 아이가 자유롭게 그림을 그리거나 글씨를 쓸 수 있도록 벽면에 부착해 공간을 효율적으로 활용한다. 이때 칠판이나 화이트보드 아래에 작은 선반을 함께 설치하면 분필, 마커, 지우개뿐만 아니라 다른 학용품도 보관할 수 있다.

아이들이 빈백을 좋아하는 이유

아이들이 빈백을 좋아하는 이유는 여러 가지가 있다. 첫째, 빈백은 전통적인 의자나 소파와는 다르게 앉거나 누울 때마다 모양이 변하는데, 이런 특성이 아이에게 마치 포근하게 안아주는 듯한 편안한 느낌을 준다. 또 모양 변화는 아이에게 놀이의 일부처럼 여겨지기도 한다. 둘째, 빈백은 대체로 가벼워서 쉽게 옮길 수 있기에 아이는 빈백을 자신이 원하는 장소로 이동해가며 그때그때 자기만의 공간을 만들 수 있다. 셋째, 빈백은 모서리나 딱딱한 부분이 없어서 아이가 뛰어놀다가 넘어져도 다치지 않을 확률이 높다. 넷째, 빈백은 색상, 크기, 형태가 다양해 아이가 자신의 취향에 맞는 것을 선택할 수 있는데, 이를 통해 아이는 자신의 개성을 표현할 수 있다. 마지막으로 빈백에서는 독서, 게임, 휴식 등 여러 활동이 모두 가능해서 아이가 자신이 원하는 활동에 맞춰 사용할 수 있다.

빈백처럼 편안하고 유연한 가구가 아이에게 두루 긍정적인 영향을 미친다는 연구 결과도 있다. 세계적인 신경과학자 야크 팬크세프Jaak Panksepp의 연구에 따르면, 놀이는 아이의 스트레스를 감소시키고 정서 안정을 강화하는 중요한 역할을 한다. 빈백은 편안한 놀이와 휴식을 위한 이상적인 환경을 제공해 아이의 긍정적인 정서를 촉진할 수 있으며 이에 따라 아이는 더 집중력 있게 학습하고 창의적으로 생각할 가능성이 커진다. 또 영국 샐퍼드대학교에서 진행한 연구에서는 학습 환경의 물리적인 조건이 학생들의 학습 성과에 영향을 미친다고 분석했다. 편안한 가구는 아이가 학습에 더 집중할 수 있게 도와주는데, 편안한 빈백에서 책을 읽거나 공부를 하면 아이는 평소보다 더 오랜 시간 집중하게 되고, 이는 주의력과 관련된 뇌의 전두엽 기능을 강화시킨다.

🏠 아이 방에 필요한 물건

아이 방에 놓인 다양한 물건은 아이의 상상력, 창의력, 학습 능력, 정서 안정 등을 촉진하는 데 큰 역할을 한다.

최적의 수면 환경을 위한 암막 커튼

암막 커튼은 외부의 빛을 차단해 수면의 질을 향상시키는 데 도움이 된다. 어두운 환경일수록 멜라토닌 분비가 촉진되어 아이가 더 쉽게 잠들고 깊게 잘 수 있기 때문이다. 일반 커튼은 자연광을 적절히 조절할 수는 있지만 완전한 어둠을 제공하지는 못한다. 암막 커튼을 사용하는 것이 수면 환경을 최적화하는 데 데 효과적이다.

벽과 관련된 소품: 포스터, 지도, 감각 벽

벽면에는 교육용 포스터와 지도를 붙여 아이의 학습을 돕는다. 동물, 식물, 세계 지도 등 다양한 주제의 포스터는 아이의 호기심을 자극한다. 또 감각 벽을 만들어 아이가 다양한 질감을 탐색하며 감각을 발달시키는 학습과 놀이를 할 수 있도록 하는 것도 좋다. 벽면에는 벨벳, 플라스틱, 나무 등 다양한 재료를 붙여 촉각을 자극하고, 지퍼, 단추, 종이 등 조작 가능한 요소를 추가해 소근육과 창의력 발달을 동시에 촉진할 수 있다.

학습 도구: 책, 블록, 퍼즐

학습 도구로 책은 필수다. 아이의 연령에 맞는 그림책, 동화책, 학습서, 문제집 등 다양한 주제와 난이도의 책을 준비해 독서와 공부 습관을 길러준다. 한글, 알파벳, 숫자가 적힌 블록은 놀이를 통해 아이가 자연스럽게 글자와 숫자를 익히게 하며, 블록을 쌓고 맞추는 과정에서 소근육이 발달하고 인지 능력이 향상된다. 퍼즐도 훌륭한 학습 도구인데, 아이가 퍼즐을 맞추는 과정에서 집중력과 논리적 사고 및 문제 해결 능력이 자라난다.

창의력 발달 도구: 미술 도구, 종이접기, 클레이, DIY 키트

크레파스, 색연필, 물감 등의 미술 도구와 스케치북, 다양한 크기의 종이를 준비해 아이가 원하는 대로 표현할 수 있게 한다. 이러한 활동은 아이의 창의력과 감수성을 발달시킨다. 종이접기는 집중력과 손과 눈의 협응 능력을, 클레이는 소근육과 상상력을 키우는 데 도움이 된다. 목공예, 천 공예, 비즈 공예 등 다양한 DIY 키트를 활용하면 아이가 직접 무언가를 만드는 경험을 하면서 문제 해결 능력과 창의력을 키울 수 있다. 또 아이의 자립심과 자신감도 향상시킨다.

놀이 도구: 레고 블록, 역할 놀이

레고 블록은 완성품을 만드는 과정에서 아이의 공간 지각 능력과 문제 해결 능력, 눈과 손의 협응력을 발달시키며 다양한 형태와 색상의 조합을 통해 창의력까지 향상시킨다. 역할 놀이는 부엌 놀이, 의사 놀이, 인형 놀이 등이 대표적이다. 아이는 역할 놀이를 하면서 다양한 직업과 사회적 역할을 경험하고 상상력과 사회성을 발휘한다. 그러면서 타인에 대한 이해와 배려심을 키우고 상황 대처 능력과 공감 능력, 그리고 의사소통 능력을 길러나간다.

음악 도구: 악기, 플레이어, 오디오북

마라카스, 오카리나, 피아노 등 악기를 연주하는 과정에서 리듬 감각과 음악적 이해를 높일 수 있다. 음악을 간편하게 들을 수 있는 플레이어를 준비해 아이가 다양한 장르의 음악을 접할 수 있게 하는 것도 좋다. 음악 감상이 아이의 정서 안정과 창의력 발달에 도움을 주기 때문이다. 어린이용 오디오북을 이용하면 아이의 상상력을 자극하고 언어 능력도 향상시킬 수 있다.

정서 안정 도구: 포근한 물건, 수면등

촉감 공, 촉감 책 등은 아이의 감각을 발달시키고, 포근한 담요와 인형은 아이가 심리적 안정을 느낄 수 있게 한다. 수면등은 안락한 분위기를 만드는 동시에 수면 습관을 형성하는 데 도움을 준다. 특히 별빛이 나오는 별 프로젝터는 정서 안정뿐만 아니라 상상력까지 자극하여 아이가 더 이상 밤을 두려워하지 않고 편안하게 보낼 수 있게 도와준다.

아이에게 모빌이 중요한 이유

모빌은 갓난아이의 초기 뇌 발달을 지원하는 중요한 도구로, 시각적 추적 능력과 인지 발달을 촉진하며, 다양한 색상, 형태, 움직임, 소리를 통해 감각 통합 발달과 안정감까지 지원한다. 모빌은 시기별로 교체하는 게 좋은데, 생후 1개월에는 검은색과 흰색의 대비 패턴 모빌을 사용해 시각적 주의와 초점 능력을 개발한다. 생후 2개월에는 동그라미, 네모와 같은 기본 형태와 밝은 색상을 활용한 모빌로 색상과 형태 인식을 자극한다. 생후 3개월에는 부드러운 색상 전환과 나무, 동물과 같은 자연 요소를 포함한 모빌로 시각적 탐색과 자연 인식을 촉진한다. 생후 4개월에는 소리가 나거나 움직임에 반응하는 상호 작용 모빌로 원인과 결과를 이해하게 하고 청각 발달을 돕는다. 이처럼 모빌은 아이의 발달 단계에 따라 적절히 다르게 설계되어 시각과 청각, 그리고 인지 발달에 큰 영향을 미친다.

- Chat GPT로 구현한 생후 1개월 아이를 위한 흑백 모빌과 생후 2개월 아이를 위한 색깔 모빌.

공간 육아를
풍성하게
만들어주는 팁

색:
아이에게 효과적인 색은 따로 있다

⌂ 아이의 성장 발달과 색의 상관관계

색의 인식은 정확히는 눈이 아니라 뇌의 복잡한 처리 과정을 통해 이뤄진다. 눈은 색을 감지하는 첫 단계일 뿐이며, 실제로 색을 '보는' 것은 '뇌'라고 할 수 있다. 눈의 망막에 있는 세포들이 빛의 파장을 감지하여 전기 신호로 변환한다. 이 신호는 시신경을 통해 뇌의 후두엽에 있는 시각 피질로 전달되고 뇌는 이 정보를 처리해 우리가 인식하는 색을 만든다. 이러한 색은 아이의 감정, 주의력, 학습 능력, 창의력, 인지 등에 영향을 미치며, 동시에 뇌 발달을 촉진하는 데도 효과적이다.

빨간색, 노란색, 주황색처럼 밝고 따뜻한 색은 행복감을 느끼게 해 긍정적인 학습 분위기를 조성할 수 있다. 색이 사람의 생리·정서적 반응에 미치는 효과를 다룬 한 연구에 따르면, 노란색을 비롯하여 빨간색, 주황색과 같은 따뜻한 색은 에너지, 열정, 흥분 등과 관련되어 긍정적인 감정을 유발한다고 한다. 유치원이나 학교에서 밝은색으로 교실을 꾸미면 아이의 학습 의욕을 고취하고 활기찬 학습 환경을 만들 수 있다. 그렇기에 집에서도 다른 공간과는 달리 아이 방만큼은 일부러도 밝은색으로 꾸며주면 좋다.

그런가 하면 파란색, 녹색처럼 차분한 색은 집중력을 높이는 데 도움이 된다. 여러 연구에 따르면 파란색과 녹색은 자연의 색으로, 사람들에게 안정감과 평온함을 제공해 스트레스를 줄이고 집중력을 높인다고 한다. 파란색과 녹색 공간이 가까이에 있으면 사람의 심리적인 스트레스가 17%나 낮아진다는 연구 결과와 교실에 녹색식물을 두었더니 학생들이 더 차분해지고 스트레스가 줄어들었다는 연구 결과도 있다.

또 녹색은 창의력에도 긍정적인 영향을 미친다. 독일 뮌헨대학교에서는 녹색과 창의력의 관계를 알아보기 위해 대학생 69명을 대상으로 창의성 과제를 수행하기 전에 녹색을 보는 것이 어떤 영향을 미치는지를 서로 다른 4가지 상황으로 실험했다. 첫 번째는 녹색과 흰색을, 두 번째는 녹색과 회색을, 세 번째는 녹색과 빨간색을, 네 번째는 녹색과 파란색을 보여줬다. 그 결과, 4번의 실험에서 모두 녹색이 창의력을 향상시키는 것으로 나타났다.

녹색을 활용한 교실 디자인은 학생들의 창의력을 발달시킨다. 교실 벽의 일부를 부드러운 녹색으로 칠하거나 칠판 주변에 녹색 테두리를 추가하면 시각적인 안정감을 줄 수 있다. 또 벽면에 녹색 패턴의 벽지나 아트 워크를 배치하면 생동감을 더할 수 있고, 책상이나 의자에 녹색 포인트를 추가하면 조금 더 자연스러운 분위기를 연출할 수 있다. 그리고 창가나 교실 코너에 커다란 실내 식물을 놓아두면 학생들이 자연과 연결되는 느낌을 받을 수 있으며, 키우기 쉬운 식물이나 미니 화분을 활용하면 싱그러운 분위기를 조성할 수 있다. 이와 더불어 녹색 톤의 칠판, 알림판, 학습 도구 등으로 학습 환경에 녹색 요소를 결합하면 학생들에게 심리적 안정감과 창의적 자극을 동시에 제공할 수 있어 더욱 효과적이다.

사실 이러한 효과는 아이의 나이, 선호도, 감각 처리 능력, 주변 환경과의 상호 작용 등 여러 요인에 의해 영향을 받는다. 벽면의 색깔을 바꾸는 것이 모든 아이에게 같은 효과를 가져다주지는 않기 때문이다. 같은 색이라도 너무 강렬하다면 일부 아이에게는 자극적일 수 있기에 색의 강도를 신중하게 고려해야 한다. 만약 아이가 특정한 색에 부정적으로 반응(불안, 초조, 시각적 피로, 짜증, 감정적 위축 등)한다면 해당 색을 피하거나 부드러운 톤으로 조절하는 과정이 필요하다. 예를 들어 강렬한 빨간색은 불안감을 유발할 수 있고, 지나치게 밝은 노란색은 눈부심으로 집중력을 떨어뜨릴 수 있으며, 검은색은 답답하거나 두려움을 느끼게 할 수 있다. 이런 경우에는 강렬한 빨간색을 부드러운 분홍색으로, 밝은 노란색을 파스텔 톤의 노란색으로 조정하는 등 아이의 반응에 맞춰 색을 선택해야 한다.

🏠 컬러 테라피

컬러 테라피Color therapy는 색이 사람의 신체, 정서, 정신 건강에 미치는 영향을 연구하고 활용하는 대체 의학의 한 형태다. 컬러 테라피를 잘 활용하면 아이의 공간을 조금 더 풍성하게 만들어줄 수 있다.

빨간색

빨간색Red은 교감 신경계를 자극해 심박수를 증가시키고 아드레날린의 분비를 촉진하는 것으로 알려져 있다. 이러한 생리적 반응은 아이가 활기차게 움직이도록 도와주며 놀이와 체육 활동에 적극적으로 참여하게 만든다. 아드레날린이 분비되면 몸이 깨어나는 느낌, 즉 각성 상태의 수준이 높아지기 때문이다.

주황색

주황색Orange은 창의력, 정서 안정, 사회적 상호 작용 증진에 도움이 된다. 주황색은 따뜻하고 활기찬 색으로, 아이가 창의적인 활동에 몰두할 수 있도록 돕는다. 미술 시간에 주황색을 잘 사용하면 아이의 상상력과 창의력을 발달시킬 수 있다. 또 주황색은 사회적 상호 작용을 촉진하여 아이가 친구들과 잘 어울리면서 협력과 소통 능력을 기르게 해준다.

노란색

노란색Yellow은 밝고 기운을 북돋우며 아이의 집중력과 인지 능력을 향상시키는 효과가 있다. 과거 진행된 한 연구에서는 70명이 넘는 성인 참가자들에게 10가지 색(빨간색, 파란색, 노란색, 녹색, 흰색, 검은색 등)을 노출한 후, 색에 대한 정서적인 반응을 측정했다. 그 결과, 일반적으로 노란색이 긍정적인 정서를 불러일으키고, 기분 좋은 감정을 느끼게 하며, 사람들에게 에너지는 주는 것으로 나타났다. (물론 너무 강한 노란색은 일부 참가자들에게서 불안감을 불러일으킬 수 있다는 사실도 함께 제시되었다.) 유아 교육 환경에서 진행된 또 다른 연구에서는 노란색을 포함한 밝고 따뜻한 색이 아이에게 친근함과 흥미를 유발해 학습에 대한 긍정적 태도와 집중력 향상으로 이어질 수 있다는 사실을 밝히기도 했다.

녹색

녹색Green은 심리적 안정감을 제공함으로써 창의적 사고를 촉진하는 효과가 있다. 독일 뮌헨대학교에서 진행된 연구에 따르면, 사람은 녹색을 띠는 물체를 잠시 바라보는 것만으로도 두뇌가 자극되고 창의력이 발달한다고 한다. 녹색은 자연에서 흔히 접할 수 있는 색으로,

사람의 뇌가 녹색을 성장이나 발전과 같은 긍정적인 개념과 연관 짓기 때문이다. 녹색은 평화와 조화를 상징하며 스트레스를 줄이고 몸과 마음의 균형을 유지하는 데도 도움이 된다. 특히 아이는 녹색으로 꾸며진 환경에서 공부하거나 책을 읽을 때 편안함을 느끼고 스트레스를 덜 받으며 창의적인 아이디어를 더 쉽게 떠올릴 수 있다.

파란색

파란색Blue은 신경계를 진정시키고 불안과 스트레스를 줄이는 데 유용하다. 미국의 임상 심리학자 리처드 슈스터Richard Shuster는 "파란색을 보면 편안함을 느끼기에 바다를 바라보는 것만으로도 명상과 유사한 효과를 얻을 수 있다"라고 설명했다. 또 파란색은 뇌의 시상하부를 자극해 세로토닌 분비를 촉진하며 부교감 신경을 활성화해 편안한 상태를 유도한다. 그래서 파란색 계열의 인테리어는 불면증 해소와 학습 환경 개선에 도움을 줄 뿐만 아니라 집중력과 기억력 향상에도 효과적이다. 특히 학습 공간에 파란색을 활용하면 안정감을 주고 학습 효율을 높일 수 있다.

보라색

보라색Purple은 신비로움과 영성을 상징하고 명상과 정신적 평화를 도와주는 색이다. 보라색은 상상력과 창의력을 자극하는 데 유용하기에 아이가 보라색 환경에서 그림을 그리거나 이야기를 창작하면

반짝이는 아이디어가 더 잘 떠오를 수 있다. 하지만 방 전체에 보라색을 사용하는 것은 되도록 피한다.

컬러 테라피는 다양한 방법으로 적용할 수 있는데, 그중 대표적인 것이 마음속으로 특정 색상을 떠올려 마음의 안정을 찾거나 스트레스를 줄이는 방법이다. 예를 들어 아이가 스트레스를 받을 때 마음속으로 숲(녹색)을 떠올리게 하면 긴장을 완화하는 데 어느 정도 도움이 된다. 또 특정 색상의 옷이나 액세서리를 착용해 색의 긍정적인 효과를 일상생활에서 느끼는 방법도 있다. 이를테면 발표 전에 자신감을 높이기 위해 노란색 옷을 입거나 시험 전에 부담감을 떨치고 진정하기 위해 파란색 옷을 입는 것이다.

⌂ 다양한 색을 활용한 아이 방 디자인

- Chat GPT로 구현한 노란색 계열의 아이 방. 자연스러운 학습을 유도한다.

- Chat GPT로 구현한 주황색 계열의 아이 방. 지적인 성장을 도모할 수 있다.

- Chat GPT로 구현한 베이지색 계열의 아이 방. 안정감을 느끼며 집중력을 높일 수 있다.

● Chat GPT로 구현한 하늘색 계열의 아이 방. 차분하고 집중적인 학습에 최적화된 공간이다.

● Chat GPT로 구현한 녹색 계열의 아이 방. 안정적인 학습 환경을 제공한다.

● Chat GPT로 구현한 분홍색 계열의 아이 방. 창의력과 상상력을 발휘할 수 있다.

조명:
자연광과 조명 사이

🏠 자연광이 아이에게 미치는 영향

자연광은 비타민 D 합성, 수면 패턴 조절, 정서 안정, 주의력과 학습 능력 향상, 창의력과 상상력 자극 등 다양한 면에서 중요한 역할을 한다. 따라서 아이 방이나 학습 공간을 자연광이 충분히 들어오도록 설계하면 조명으로는 대체할 수 없는 긍정적 효과를 가져다준다.

첫째, 자연광은 비타민 D 합성을 돕는다. 이는 뼈와 치아 건강 유지 및 면역 강화에 필수적이다.

둘째, 자연광은 멜라토닌 분비를 조절해 규칙적인 수면 패턴을 유지하는 데 도움을 준다. 아침에 자연광에 노출되면 멜라토닌 분비가 억제되어 각성 상태를 유지할 수 있고, 저녁에 자연광이 줄어들면 멜라토닌 분비가 촉진되어 수면을 유도할 수 있다. 이러한 생체 리듬의 조절은 아이의 인지 기능, 정서 안정, 학습 능력에 긍정적인 영향을 미친다.

셋째, 자연광은 세로토닌 분비를 촉진해 스트레스를 줄이고 기분을 좋게 만든다.

넷째, 자연광은 눈의 피로를 줄이고 시각적 인지 능력을 강화해 학습 환경을 좋은 방향으로 바꿔준다. 미국 캘리포니아의 한 기업에서는 자연광이 풍부한 교실에서 학습한 학생들이 그렇지 않은 학생들보다 학업 성취도가 20~26% 더 높다는 연구 결과를 발표했다. 또 서울대학교와 스위스 바젤대학교가 공동으로 수행한 연구에서도 자연광 스펙트럼을 재현한 조명 환경이 일반 LED 조명 환경보다 학생들의 집중력과 학습 속도, 정답률을 높이는 데 효과적이라는 결과가 나타났다. 미국 하버드대학교 의대에서 진행한 연구에서도 역시 자연광 스펙트럼을 재현한 조명 아래에서 학습한 학생들이 일반 LED 조명 아래에서 학습한 학생들보다 학습 속도가 3.2배 빠르고 정답률이 5% 더 높다는 결과가 나타났다.

자연광이 풍부한 환경은 아이의 창의력과 상상력을 자극한다. 자연광은 공간을 밝고 활기차게 만들어 아이를 더욱 적극적으로 활동하고 탐구하게 이끌어준다. 따라서 부모가 자연광이 충분히 들어오는 환경을 조성해주면 아이의 건강과 학습 능력에 두루 긍정적인 영향을 가져다줄 수 있다.

다행히 아파트는 유리창과 커튼 월을 통해 자연광이 건물 내부로 깊숙이 들어오도록 설계된 곳이 많다. 이때 창문 하단을 가구로 막거나 벽체로 채우면 자연광의 유입이 줄어들므로 주의해야 한다. 특히 아파트 배면(북쪽)의 방이나 복도식 아파트의 복도쪽 방은 하단이 벽체로 되어 있어 자연광이 부족하므로 아이 방으로 사용하기에 적합하지 않다. 부득이하게 이러한 공간을 아이 방으로 사용할 경우, 조명을 활용해 부족한 자연광을 보완해야 한다. 주광색 조명을 설치해 밝기를 확보하고, 간접 조명을 추가해 공간을 부드럽고 따뜻하게 연출하는 것이 좋다. 디머Dimmer(빛의 강도를 조절하는 장치)를 활용해 조도를 조절하고, 공부할 때는 책상 조명이나 별도의 스탠드를 사용해 눈의 피로를 줄인다. 이때 색온도 조절이 가능한 조명을 사용하면 시간대에 따라 빛의 색을 바꾸며 자연광의 효과를 모방할 수 있다.

🏠 조도가 아이에게 미치는 영향

조도(빛의 밝기)는 아이의 시각적 인지 능력 향상, 학습 능력과 집중력 향상, 정서 안정과 기분 개선, 수면 패턴 조절, 생체 리듬 조절 등에 영향을 미친다.

어두운 환경은 눈의 피로를 유발하고 집중력을 저하시키며 불안감을 증폭시킬 수 있다. 반면에 밝고 균일한 환경은 뇌의 전두엽 활동을 활성화해 논리적 사고와 문제 해결 능력을 발달시키고, 집중력을 향상시키며, 시각적 정보를 훨씬 잘 처리하게 한다. 그래서 밝은 환경에서 공부하는 아이는 어두운 환경에서 공부하는 아이보다 더 훌륭한 학습 성과를 보인다. 이처럼 적절한 조도의 조명은 장기적으로 아이의 학습 능력과 인지 발달에 충분히 효과적이다.

적절한 조도의 조명은 아이의 정서 안정과 기분에도 영향을 미친다. 밝은 조명은 세로토닌 분비를 촉진해 기분을 좋게 만들고 스트레스를 줄이는 데 도움을 준다. 반대로 어두운 환경은 멜라토닌 분비를 증가시켜 졸음을 유도하고 우울감을 증대시킬 수 있다.

마지막으로 조도 역시 수면 패턴을 조절하는 데 중요한 역할을 한다. 아침에 밝은 빛을 받으면 멜라토닌 분비가 억제되어 잠에서 깨고, 저녁에 어두운 환경에서는 멜라토닌 분비가 촉진되어 자연스럽게 수면을 유도하기 때문이다.

🏠 색온도가 아이에게 미치는 영향

색온도는 조명이 주는 빛의 색을 나타내는데, 조도와 마찬가지로 아이의 감정, 집중력, 인지 능력, 정서 안정, 수면 패턴 및 생체 리듬에 영향을 미친다. 조명의 색이 붉은색에 가까울수록 낮고, 푸른색에 가까울수록 높으며, 단위로는 K(켈빈)를 사용한다.

높은 색온도(5,000~6,500K, 차가운 색감)의 조명은 일상생활에 활력을 불어넣어 아이가 에너지를 효과적으로 발산할 수 있게 이끌어준다. 반대로 낮은 색온도(2,700~3,000K, 따뜻한 색감)의 조명은 세로토닌 분비를 촉진해 기분을 좋게 하고 스트레스를 줄이는 데 도움을 준다. 그래서 아이의 사회적 상호 작용과 정서 발달에 영향을 미친다.

아침 시간에는 높은 색온도의 조명을 사용해 멜라토닌의 분비를 억제하고 아이를 각성 상태로 만들어 하루를 활기차게 시작할 수 있게 한다. 저녁 시간에는 낮은 색온도의 조명을 사용해 멜라토닌 분비를 촉진하여 아이가 자연스럽게 잠을 잘 수 있게 한다. 이러한 과정은 아이의 수면 패턴을 규칙적으로 유지시켜주고 수면의 질을 향상시켜 전반적인 성장 발달에 도움을 준다.

자연광은 하루 동안 색온도가 변한다. 아침과 낮에는 높은 색온도(차가운 색감), 저녁에는 낮은 색온도(따뜻한 색감)로 변한다. 이러한 변화가 사람의 생체 리듬을 조절하는데, 이에 따라 자연광을 모방하여 조명의 색온도를 조절하면 아이의 생체 리듬을 최적화할 수 있다.

높은 색온도는 주의력과 집중력을 향상시키고, 낮은 색온도는 정서 안정과 수면을 촉진한다. 따라서 색온도를 적절히 조정하면 아이의 전반적인 뇌 발달과 건강에 큰 도움이 된다. 우선 공부방은 집중력을 높이기 위해 높은 색온도(5,000~6,500K)의 주광색 조명을 사용하는 것이 적합하다. 자연광과 유사한 주백색 조명을 사용하고 부족한 조명은 스탠드를 활용해 조절해도 괜찮다. 반면에 식사 공간이나 화장실은 낮은 색온도(2,700~3,000K)의 전구색 조명을 사용하여 편안한 분위기를 조성하는 것이 좋다. 그리고 거실은 사용 목적에 따라 조명을 다르게 설정하기도 하는데, 책을 읽거나 공부하는 등 학습 목적이 아니라면 낮은 색온도의 조명을 사용하는 것이 낫다. 나 역시 거실에 낮은 색온도의 조명을 사용하고 있는데, 그래서인지 집 안이 항상 따뜻하고 아늑한 분위기가 느껴져서 좋다.

디머 기능이 있는 조명을 설치하면 상황에 따라 색온도를 쉽게 조정할 수 있다. 더 나아가 스마트 조명 시스템을 도입해 특정 시간대나 활동에 맞춰 자동으로 색온도를 전환하도록 설정하는 것도 효과적이다. 이를테면 활동적인 시간에는 주광색 조명(차가운 흰색, 5,000~6,500K)으로 시각적 피로를 줄이고 집중력을 높이며, 휴식이나 독서 시간에는 전구색 조명(따뜻한 노란색, 2,700~3,000K)으로 긴장을 완화하고 정서 안정을 제공하는 것이다.

소리:
공간을 채우는 백색 소음과 음악의 효과

③

가끔 강연에서 "공부할 때 너무 조용하면 오히려 집중이 안 되지 않나요?"라는 질문을 받을 때가 있다. 사실 나는 조용해야 공부가 잘 된다. 심지어 혼자 있을 때도 이어폰을 낄 정도다. 주변에서 들려오는 생활 소음에도 영향을 받아 집중이 잘 안 되기 때문이다. 그만큼 공간에서 들려오는 소리, 공간을 채우는 소리는 어떤 공간을 꾸밀 때 신경써야 할 요소다.

특히 백색 소음은 아이의 뇌 발달과 학습 능력에 긍정적인 영향을 미친다. 백색 소음은 여러 주파수의 소리가 균일하게 섞여 일정하고 부드럽게 들리는 소리로, 비 오는 소리, 파도 소리, 바람 소리, 선풍기 소리 등이 이에 해당한다. 이러한 소리는 주변의 방해되는 소음을 차단해 아이가 조용한 환경에서 집중력을 유지하는 데 도움을 준다. 또 신경계를 안정화시켜 수면의 질을 높여주기도 한다. 공간을 채우는 소리에 신경을 써야 하는 이유다.

백색 소음과 함께 아이 방을 채울 수 있는 또 다른 소리인 오디오북과 음악(클래식)은 아이의 읽기 능력과 뇌 발달에 역시 긍정적인 영향을 미친다. 우선 오디오북은 언어 습득, 집중력 향상, 창의력 발달 등 다양한 방면에서 아이에게 굉장히 효과적이다. 오디오북을 들으면 어휘력, 이해력, 발음 등 언어 습득에 도움이 된다. 또 아이는 오디오북을 통해 다양한 어휘와 문장 구조에 노출되는데, 이는 읽기 능력의 기반을 마련해준다.

다음으로 음악은 아이 뇌의 여러 영역을 활성화하는데, 특히 인지 능력과 관련된 뇌 영역과 신경망의 발달에 도움을 줄 수 있다. 나는 아이가 태어난 후부터 계속 아이에게 음악을 들려줬다. 언제나 잔잔한 곡 위주로 선정했다. 특별한 이유는 없다. 내가 들었을 때 마음이 안정되는 곡들로 골랐을 뿐이다. 주로 클래식 음악, 자장가, 자연의 소리 등이었다. 그중 클래식 음악은 정서 안정을 위한 모차르트, 바흐, 비발디, 쇼팽의 곡들이 많았다. 모차르트(아버지)의 〈장난감 교향곡〉은 밝고 경쾌한 멜로디로 아이에게 즐거움을 줬으며, 브람스의 〈자장가〉와 모차르트(아들)의 〈작은 별 변주곡〉은 부드럽고 반복적인 멜로디로 아이를 진정시키고 자연스럽게 수면을 유도했다. 파도 소리, 빗소리와 같은 자연의 소리는 아이의 스트레스를 줄이고 평온한 상태를 유지하는 데 도움을 줬다.

이런 이유에서인지는 몰라도 당시 아이는 어른과 같은 시간에 자고 같은 시간에 일어났다. 지금까지 잠으로 인한 문제를 겪은 적도 없고 나를 힘들게 한 적도 없다. 나는 여기에 아이가 머물던 공간을 꾸준히 잘 채웠던 백색 소음과 음악, 즉 소리가 분명히 한몫했다고 생각한다.

식물:
공간에 들여놓는 작은 자연

⌂ 집에 두면 좋은 식물

대부분 '집에 식물을 두면 좋을까?'라는 생각보다는 '집에 두면 좋은 식물이 뭘까?'라는 생각을 훨씬 많이 한다. 집에 식물을 두면 당연히 좋을 것이라고 생각하기 때문이다. 집에 식물을 두면 확실히 아이의 신체적·정서적 건강에 도움이 된다. 집 안의 공간별로 두기 좋은 식물과 그 식물이 아이에게 미치는 영향을 알아보자.

거실

우선 '아레카야자'는 공기 정화 능력이 뛰어나고 관리가 쉬워 거실에 두기 적합한 식물이다. 그리고 '스파티필름'은 흔히 평화의 백합이라고 불리며, 공기 중의 유해 물질을 제거하고 습도를 조절하는 데 도움을 줘 역시 거실에 두기 좋다. 1989년 미국 항공우주국NASA에서 진행한 연구에 따르면, 스파티필룸은 포름알데히드, 벤젠, 트라이클로로에틸렌 등 유해 물질을 제거하는 능력이 뛰어나다고 밝혀졌다. 또 스파티필룸은 아이의 스트레스를 감소시키는 데도 도움을 줄 수 있다.

거실에 식물을 두면 공간을 아름답게 꾸며줄 뿐만 아니라 심리적 안정감을 제공하며 자연스럽게 가족 간 대화의 소재가 되어준다. 식물의 이름이나 관리 방법에 관한 이야기를 나누며 유대감을 형성하고, 함께 가꾸는 활동을 통해 상호 작용을 촉진할 수 있기 때문이다. 더 나아가 식물에서 느껴지는 생명력은 정서 안정까지 가져다준다.

부엌

부엌은 가족의 건강을 지원하는 공간이다. '알로에 베라'는 공기 정화에 도움이 될 뿐만 아니라 응급 처치에도 사용할 수 있어 자연스럽게 아이에게 식물의 치유력에 대해 가르칠 수 있다. 그리고 '바질', '민트', '로즈메리' 등의 허브류는 요리에 사용할 수도 있고 신선한 공기까지 제공해준다. 또 부엌에서 부모와 아이가 함께 허브를 가꾸며 요리하는 경험은 아이에게 건강한 식습관의 중요성까지 일깨워줄 수 있을 것이다.

욕실

욕실은 휴식과 위생의 공간으로 공중식물인 '틸란드시아'가 적합하다. 틸란드시아는 습도가 높은 환경을 좋아하며 흙이 없이도 잘 자랄 수 있어 욕실에 두기 좋다. 욕실에서 식물을 키우는 것은 아이에게 자연의 다양성과 아름다움을 가르치는 기회가 될 수 있다.

집 안의 여러 공간을 서로 다른 식물로 꾸미는 것은 아이에게 자연과 가까워지는 기회를 주고, 생태학적 감수성을 키우며, 책임감과 관리 능력을 발달시킬 수 있는 좋은 방법이다. 앞서 언급한 바와 같이 식물은 공기를 정화하고, 스트레스를 줄이며, 환경을 개선하는 등 여러 가지 이점이 있다. 또 실내에 다양한 식물을 두면 자연의 느낌을 가정 안으로 불러올 수도 있다. 그러니 부모로서는 조금 번거롭더라도 쉽게 관리할 수 있는 식물부터 시작해보자. 부모와 아이가 함께 식물의 성장 과정을 관찰하면서 자연을 주제로 한 교육적 대화도 나눌 수 있을 것이다.

🏠 아이 방에 적합한 식물

아이 방에 적합한 식물을 고를 때는 안전성, 관리 용이성, 공기 정화 능력을 고려해야 한다. 식물에 독성이 있는지 확인하고, 아이가 식물을 쉽게 만지거나 먹지 않도록 집 안에 놓을 위치를 잘 따져봐야 한다. 아이 방은 학습과 휴식이 동시에 이뤄지는 공간이므로 적절한 식물 배치가 더욱더 중요하다.

- 스킨답서스(금전수): 공기 정화 능력이 뛰어나고 관리가 쉬워 아이 방에 두기 좋다. 편안하고 건강한 환경을 만들어주며, 아이의 학습 능력과 수면의 질을 높이는 데 도움을 준다.
- 스파티필룸(평화의 백합): 공기 중의 유해 물질을 제거하는 데 탁월하며, 낮은 조도에서도 잘 자라므로 관리가 쉽다. 아이 방에서도 쉽게 키울 수 있으며 공기 정화를 통해 건강한 환경을 만들어준다.
- 산세비에리아(뱀 식물): 물을 많이 필요로 하지 않아 관리가 간편하다. 밤에 산소를 방출해 실내 공기 질을 개선해준다는 특징이 있다.
- 아이비: 강력한 공기 정화 식물로, 유해 화학 물질을 제거하고 공기를 깨끗하게 하는 데 효과적이다. 밝은 간접광에서도 잘 자라며 관리가 쉽다. 아이 방 책상 위에 두어 학습 환경을 쾌적하게 만들어주면 좋다.
- 필로덴드론: 적응력이 뛰어나고 관리가 쉬우며 공기 중의 포름알데히드 제거에 도움을 준다. 아이 방 한쪽 구석에 두어 전체적인 공기 질을 개선하는 데 활용하면 효과적이다.
- 고무나무: 직사광선을 피하고 비교적 건조하게 흙을 유지하면서 키운다. 창가에 두면 공기 중의 유해 물질, 특히 독소 제거에 탁월하다.

⌂ 아이가 키우기 좋은 식물

아이와 함께 식물을 키우려면 다루기 쉽고 교육적 가치가 있으면서 안전한 종류를 선택한다.

- **초록이(거미줄 식물):** 공기 정화 능력이 뛰어나고 관리도 쉬운 편이다. 자라는 묘목에서 새로운 식물을 쉽게 번식시키기에 아이에게 생명의 신비를 가르칠 수 있다.
- **아프리카 제비꽃:** 작고 관리가 쉬워 아이가 직접 돌보면서 책임감을 키울 수 있으며, 아름다운 꽃을 피워 성취감까지 가져다 준다.
- **다육 식물:** 다양한 모양과 색상이 있어 아이에게 인기가 많다. 물이 적어도 잘 자라는 데다, 물을 자주 주지 않아도 되기에 관리가 쉽다.
- **허브류(바질, 민트, 파슬리):** 성장이 빠르며 향기가 좋아 아이가 큰 관심을 보이는 대표적인 식물이다. 요리할 때 사용할 수 있어 식물의 가치를 실생활에 연결하는 경험까지 가능하다.
- **마리모:** 물속에서 자라는 녹조류로, 관리가 아주 쉽고 물속에서 둥글게 자라는 모습이 재미있어서 아이에게 인기가 많다. 식물의 다양성과 생태계를 이해하는 데 도움을 준다.

아이는 식물을 키우고 돌보는 과정을 통해 자연과 교감하고 책임감을 느끼며 정서를 안정시킨다. 그뿐만 아니라 자신이 키우는 식물을 통해 학습 능력, 주의력, 창의력, 사회성을 발달시키는 유익한 환경까지 조성할 수 있다.

🏠 식물을 키우는 아이에게 일어나는 일

정서 안정

2011년 노르웨이와 스웨덴의 연구원들은 사무실 환경에서 식물이 스트레스와 웰빙에 미치는 영향에 대해 실험했다. 사무실 근로자를 대상으로 식물이 있는 그룹과 없는 그룹으로 나눠 스트레스와 웰빙 수준의 변화를 관찰하는 방법이었다. 스트레스는 설문지와 심리 평가 도구로, 웰빙은 자가 보고 방식으로 측정했다. 그 결과, 식물이 있는 그룹은 없는 그룹보다 스트레스가 유의미하게 감소하고 웰빙 점수가 높게 나타났다. 아이도 이 실험 결과와 크게 다르지 않다. 식물과의 상호 작용은 정서를 안정시키고 스트레스와 불안을 줄이는 데 도움을 줄 수 있다. 즉, 식물을 키우는 경험이 아이 뇌의 전두엽 및 정서 조절과 관련된 영역에 긍정적인 영향을 미칠 가능성이 크다는 의미다.

주의력 향상

2009년 미국 일리노이대학교에서는 자연환경이 ADHD를 가진 아이의 주의력에 미치는 영향을 조사했다. 연구는 7~12세 사이의 ADHD 진단을 받은 아이 17명을 대상으로 진행되었다. 연구에 참여한 아이들은 20분 동안 각각 도심 공원, 도심 지역, 주거 지역에서 산책을 했으며, 각 환경에서의 산책은 일주일 간격으로 이뤄졌다. 산책 후에는 '숫자 거꾸로 따라 하기' 테스트로 주의력을 평가했다. 그 결과, 도심 공원에서 산책한 아이들의 주의력이 다른 환경에서 산책한 아이들보다 유의미하게 향상된 것으로 나타났다. 이는 자연환경이 ADHD 아이의 주의력 향상에 긍정적인 영향을 준다는 사실을 잘 보여준다. 이렇듯 식물을 관찰하고 관리하는 과정은 아이의 주의력을 향상시킨다. 즉, 뇌에서 주의력 조절과 관련된 전두엽의 활성화를 촉진하는 것이다.

인지 발달 촉진

미국 코넬대학교 교수 낸시 웰스Nancy Wells는 도시 저소득층 가정의 아이들을 대상으로 주거 환경에서의 자연 노출이 아이의 인지 기능에 어떤 영향을 미치는지를 분석했다. 그 결과, 자연환경에 더 많이 노출된 아이들이 인지 테스트에서 더 나은 성과를 보인 것으로 나타났다. 자연과의 접촉이 아이의 인지 발달에 긍정적인 영향을 줄 수 있음을 보여준 것이다. 아이가 식물을 키우고 돌보는 과정은 식물의 성장 과정과 생태계의 원리 등 다양한 과학적 지식을 습득하는 데 도움이 된다. 이는 아이의 인지적 호기심과 학습 능력을 자극하는 해마 활성화와 관련이 있다. 해마는 기억 형성과 학습에 중요한 역할을 하는 뇌 구조로, 자연과의 상호 작용을 통해 그 기능이 촉진되는 셈이다.

자아 존중감 향상

우리나라에서 초등학교 4학년 학생 65명을 대상으로 식물 가꾸기 활동이 자아 존중감에 미치는 효과를 조사한 적이 있다. 실험 집단은 8개월 동안 식물 가꾸기 프로그램에 참여했으며, 사전·사후 검사를 통해 자아 존중감의 변화를 분석한 결과, 실험 집단이 일반적 자아 존중감, 사회적 자아 존중감, 가정 및 학교 자아 존중감에서 모두 유의미한 향상을 보였다. 이는 식물 가꾸기 활동이 아이의 자아 존중감 향상에 효과적임을 잘 보여준다.

⌂ 집 안에 자연을 들이는 또 다른 방법

지금 사는 집에서 식물을 기르기가 여의치 않고, 또 지금 사는 지역에 녹지가 부족하다면, 집에서 녹지를 대체할 만한 여러 가지 방법을 활용해 아이에게 자연과 마주할 기회를 줄 수 있다.

자연의 소리와 이미지 활용하기

자연의 소리(새소리, 물소리 등)와 이미지(숲, 바다, 강 등)를 활용해 아이가 간접적으로나마 자연을 경험할 수 있도록 한다. 간접적이더라도 자연의 소리와 이미지는 아이의 집중력 향상과 정서 안정에 도움이 된다. 자연의 소리를 재생할 수 있는 앱이나 기기를 활용하고 자연 풍경의 사진이나 그림을 아이 방에 두면 된다.

자연과 관련된 활동하기

자연과 관련된 여러 가지 활동을 통해 아이가 자연에 대해 배우고 존중하는 태도를 가질 수 있게 한다. 간단한 원예 활동, 자연을 주제로 한 책 읽기와 보드게임 등으로 아이와 자연과의 교감을 촉진할 수 있다. 예를 들어 보드게임 '윙스팬'으로는 새의 생태를 배우고, '광합성'으로는 나무의 성장과 생태계의 상호 작용을 간접 체험한다. '파크스'로는 국립 공원을 탐험하면서 환경 보존의 중요성을 깨닫고, '에버델'로는 동물들이 협력해 생태계를 유지하는 과정을 살핀다.

자연 재료 만들기

집 안을 장식하거나 만들기를 할 때 자연에서 온 재료를 사용하는 것도 아이와 자연과의 접촉을 늘리는 좋은 방법이다. 자연 재료는 아이에게 다양한 감각적 경험을 제공할 뿐만 아니라 자연에 대한 존중과 사랑을 배우게 한다. 집 안에 나무, 돌, 꽃 등으로 만든 장식품을 두거나 아이와 함께 해변이나 숲에서 모은 자연 재료로 만들기를 하면 된다. 직접 나뭇잎이나 나뭇가지를 사용해 장식품을 만들면서 자연의 아름다움을 느껴보는 활동은 아이의 창의력과 상상력도 자극할 수 있다.

자연 관찰 일기 쓰기

아이가 유치원에 들어갈 나이쯤 되면 자연 관찰 일기를 쓰도록 한다. 자연 관찰 일기 쓰기는 아이가 주변 환경을 더 주의 깊게 관찰하고 자연에 대한 궁금증을 해결하고 관심을 키우는 데 도움이 된다. 아이에게 매일 또는 주기적으로 자연에서 관찰한 것을 그림으로 그리거나 글로 쓰게 한다. 아이는 주변 공원이나 거리에서 관찰한 나무와 꽃의 변화를 일기에 쓰면서 자연에 대한 이해를 넓힐 수 있다.

가상 현실 기술 활용하기

가상 현실 기술을 활용해 아이가 자연을 체험할 수 있는 환경을 만들어준다. VR를 통해 아이는 집 안에서도 실제 숲이나 바다를 탐험하는 듯한 경험을 할 수 있다. 교육용 VR 콘텐츠를 골라 아이가 다양한 자연환경을 안전하게 탐험할 수 있게 도와주면 된다. VR 헤드셋을 사용하면 아마존 열대 우림이나 해양 생태계를 주제로 한 프로그램을 훨씬 생생하게 체험할 수 있다.

정리:
좁은 공간이 넓어지는 마법

⑤

한 사람이 어떤 성향인지를 알려면 그 사람이 사는 공간을 보면 된다. 사람은 생각하는 것이 다르고, 또 추구하는 바가 다르기에 공간을 채운 물건, 물건이 놓인 상태를 보면 그 사람을 알 수 있다. 모든 물건이 다 나와 있는 어질러진 거실과 치우지 않아 지저분한 방을 보고도 아무렇지도 않은 사람이 있다. 이런 공간을 보면 숨이 막히고 잠을 못 자는 성격의 나로서는 이해할 수가 없다. 누가 와서 볼까 걱정한다기보다는 나 자신이 견디지를 못한다.

2024년 SBS 〈그것이 알고 싶다〉에서 '나 혼자 쓰레기 집에 산다'라는 제목으로 정리에 대한 내용을 방영한 적이 있다. 이 프로그램에 나온 집들을 보면 정리를 못 하는 것이 아니라 세상을 포기한 수준이었다. 정말로 한 사람의 공간을 보면 그 사람의 미래를 알 수 있다. 2020년에는 tvN에서 집 안의 물건을 정리하여 공간에 행복을 더하는 노하우를 나누는 〈신박한 정리〉라는 프로그램이 방영된 적이 있다. 코로나19로 집에서 보내는 시간이 이전보다 훨씬 늘어나면서 지금 사는 '집'이라는 공간이 굉장히 중요해졌기에 등장한 프로그램이었다. 〈신박한 정리〉의 기획 의도이자 모토는 다음과 같았다. 나를 위한 '집'에, 나를 해치는 '물건'이 채워져 있다. 정리를 통해 집을 바꾸자. 집이 바뀌면 삶이 바뀐다!

우리 집은 늘 정돈되어 있다. 집을 정돈하기 위해 우선 나는 물건을 잘 사지 않는다. 꼭 필요한 것만, 그것도 여러 번 생각해서 산다. 이것이 공간을 넓게 쓰는 제일 나은 방법이라고 생각한다. 아이 방도 항상 잘 정리되어 있다. 이는 아이가 일본에서 살던 시절 보육원(어린이집)에 다녔을 때의 경험에서 비롯되었다. 나는 아이가 다니던 보육원에서 선생님이 당시 생후 12개월이 채 안 된 아이에게도 장난감을 가지고 논 후 상자에 하나씩 넣으며 정리하는 법을 일일이 설명하는 모습을 목격했다. 이후 아이가 걸을 수 있게 되자, 선생님은 아이가 집에 가기 전에 스스로 장난감을 정리하도록 유도하며 함께 정리하는 시간을 가졌다. 아이는 이러한 과정을 매일매일, 하루에도 몇 번씩 반복하며 자연스럽게 정리 정돈 습관을 길렀다.

일본의 주택은 대부분 공간이 협소하기에 정리하지 않으면 생활이 불편해진다. 아이의 정리 정돈 습관은 한국에 와서도 자연스럽게 이어졌다. 장난감은 종류별로, 학용품과 계절별 옷은 체계적으로, 책상과 옷장 서랍은 최대한 깔끔하게 정리 정돈했다. 아이는 어릴 때부터 이런 습관을 들인 덕분에 지금도 자기 방의 구석구석까지 정리 정돈을 잘한다.

어린 시절에 제대로 정리 정돈을 배우지 못한 사람은 어른이 되어서도 습관을 들이기가 쉽지 않다. 물건을 사용한 후 제자리에 두지 않아 어디에 있는지 몰라서 결국 같은 물건을 또 구매하게 된다. 시간이 지나 원래 물건을 찾게 되면 버리거나 쌓아두는 일이 반복되면서 집은 점점 더 좁아지고 어수선해진다. 결국 일상의 질서를 잃게 되고, 집의 아름다움과 여유로움마저 빼앗기게 되는 것이다.

⌂ 어질러진 방과 정돈된 방

어질러진 방

여기서 '어질러짐'은 완전한 혼란 상태가 아닌, 아이가 창의적인 활동을 함으로써 자연스럽게 발생한 어질러짐을 의미한다. 이를테면 바닥에 장난감이 흩어져 있는 상태, 테이블 위에 크레파스와 종이가 펼쳐져 있는 상태, 책상에 책과 학용품이 정리되지 않은 상태가 이에 해당한다. 이러한 어질러짐은 활동이 끝난 후에 정리할 수 있는 상태로, 어질러짐이 무질서로 이어지지 않도록 아이가 활동한 후에 스스로 정리하는 기회를 주는 것이 중요하다. 이 과정을 통해 아이는 책임감을 느끼고 질서와 정리 정돈의 중요성을 배운다.

어질러진 방에서 작업한 사람들일수록 창의적인 문제 해결 능력이 더 뛰어나다는 연구 결과가 있다. 미국 미네소타대학교 교수 캐슬린 보스Kathleen Vohs가 이끄는 연구팀은 48명의 대학생을 대상으로 책상의 정리 정돈 상태가 개인의 행동과 창의력에 미치는 영향을 조사했다. 깔끔한 방과 어질러진 방에서 탁구공을 활용한 아이디어를 떠올리게 한 결과, 어질러진 방에서 작업한 참가자들이 더 기발하고 독창적인 아이디어를 많이 제시한 것으로 나타났다. 이는 어질러진 환경이 기존의 사고 틀에서 벗어난 창의적인 사고를 촉진한다는 사실을 보여준다. 반면에 깔끔한 방에서는 규칙적이고 전통적인 사고를 기반으로 한 아이디어를 많이 제시했다. 결론적으로 연구는 환경의 정리 정돈 상태가 사람의 사고방식과 행동에 큰 영향을 미칠 수 있음을 강조하면서, 창의적인 문제 해결이 요구되는 상황에서는 다소 어질러진 환경이 유리할 수도 있음을 보여줬다.

어질러진 방은 아이의 창의력과 문제 해결 능력을 발달시키는 데 긍정적인 역할을 한다. 자유로운 창작 활동과 상상력을 자극하며, 여러 가지 물건과 도구를 탐색하면서 아이디어를 실현할 기회를 제공한다. 이를테면 원하는 장난감을 찾기 위해 다른 물건을 정리하거나 완성품을 해체하고 재조립하는 과정에서 문제 해결 능력이 향상된다는 것이다. 또 어질러진 방은 감각 발달에도 효과적이다. 다양한 질감의 장난감과 도구를 만지면서 촉각이 발달하고, 각종 색상과 형태를 탐색하거나 여러 소리를 들으면서 시각과 청각이 발달한다.

정돈된 방

정돈된 방은 주의를 분산시키는 요소를 최소화해 집중력과 생산성을 높이는 데 도움을 준다. 이러한 원리는 아이의 학습 환경에도 적용된다. 정돈된 방에서 공부하는 아이는 집중력이 향상되고 정보 처리와 학습 능력도 증가한다. 특히 매일 사용하는 책상이 깔끔하게 정리되어 있을 때 학습 효율이 더욱 높아진다. 책상 위에는 필요한 책과 학용품만 두고, 나머지 물건은 서랍이나 정리함에 보관하는 습관을 들이는 것이 중요하다. 이와 같은 정리 습관은 아이가 학습에 더욱 몰입할 수 있도록 도와주며 집중력과 생산성을 최대화하는 데도 효과가 있다.

정리 정돈은 심리적인 웰빙에도 영향을 미친다. 정돈된 환경이 개인의 스트레스와 불안을 감소시키고 정신적 웰빙을 증진시킨다는 연구 결과도 있다. 2010년에 진행된 미국 샌프란시스코대학교의 연구에서는 정리 정돈이 잘된 환경에서 생활하는 사람들의 불안과 우울증 증상이 현저히 낮은 것으로 나타났다.

정돈된 환경은 아이 자신에게도 좋은 영향을 미친다. 방을 정리하는 과정에서 아이는 성취감을 느끼며, 이는 긍정적인 변화로 이어진다. 방을 정리한 후 "우아, 이제 방이 깨끗해졌어!"라며 뿌듯해하는 순간, 아이는 자아 존중감이 높아지고 정서가 안정되는 효과를 얻을 수 있다.

정리 정돈은 협동과 공유의 가치를 가르치는 데도 유용하다. 가족과 함께 방을 정리하며 협력과 의사소통의 중요성을 배우고, 서로의 역할을 나누는 과정을 통해 팀워크와 사회적 기술을 익힐 수 있다. 이러한 활동은 가족 간의 관계를 강화하고 존중과 이해를 높여준다.

정리 정돈은 일회성 활동이 아니라 어릴 때부터 습관으로 길러야 할 기본적인 생활 태도다. 매일 자기 전에 장난감을 비롯한 자기 물건을 정리하는 습관은 조직적이고 계획적인 생활 태도를 형성하는 데 도움을 준다. 또 책임감과 자기 관리 능력도 키울 수 있다. 그리고 정돈된 환경은 심리적 안정감을 제공해 스트레스를 줄이고 긍정적인 감정을 불러일으킨다.

이처럼 정돈된 방은 아이의 집중력과 생산성을 향상시키고 정서를 안정시키며 전반적인 생활 만족도를 높이는 데 중요한 역할을 한다. 정리 정돈 습관은 아이에게 평생 이어질 긍정적인 생활 태도 형성에 필수적이므로 부모는 아이의 정리 정돈에 대해 면밀하게 신경을 써야 한다.

유연하게 구성된 방

학습과 집중이 필요한 활동에는 깔끔하고 정돈된 공간이 유리하지만, 창의력과 자유로운 사고를 촉진하기 위해서는 어느 정도의 무질서가 허용되는 공간도 필요하다. 따라서 아이 방을 구성할 때는 아이의 활동과 필요에 따라 공간을 유연하게 조정하는 것이 중요하다. 학습 시간 동안에는 필요한 책과 학용품만 책상 위에 두어 집중을 돕고, 창의적인 활동이나 놀이 시간에는 다양한 장난감과 자료를 자유롭게 이용할 수 있도록 하는 것이다. 이렇게 하면 아이는 학습에 집중할 수 있을 뿐만 아니라 새로운 아이디어까지 생각해낼 수 있다. 그리고 창의적인 활동이나 놀이 시간 후에 곧바로 정리 정돈을 하는 습관을 들이면 아이는 창의력과 문제 해결 능력을 기르면서도 정리 정돈의 중요성을 배울 수 있다.

부모는 아이에게 정리 정돈의 중요성을 가르쳐줄 가장 중요한 사람이다. 부모가 깔끔한 환경을 유지하기 위해 노력하는 모습은 아이에게 좋은 본보기가 된다. 우선 아이와 함께 청소하면서 정리 정돈의 중요성을 알려주고, 다음으로 아이에게 집 안 여러 공간의 목적과 필요성을 설명하고 나서 어떻게 하면 각 공간을 더 잘 활용할 수 있을지에 대해 가르쳐준다. 또 학습 시간과 놀이 시간을 구분해 아이와 함께 각 활동에 적합한 공간의 상태를 유지하는 방법을 논의할 수도 있다.

하루 15분 정리의 힘

정리 습관을 형성하는 방법

정리컨설턴트 윤선현은 《하루 15분 정리의 힘》에서 정리가 일상의 질서를 회복하고 삶의 질을 향상시키는 데 중요한 역할을 한다고 강조한다. 그는 정리를 통해 삶의 주도권을 회복하고 집중력과 생산성을 높일 수 있다고 설명하며, 이는 공간을 정돈하는 행위를 넘어 정신적 안정감과 목표 달성에 긍정적인 영향을 미친다고 덧붙인다.

정리 습관을 형성하는 데 가장 중요한 것은 날마다 조금씩, 부담없이 실천하는 것이다. 하루 15분이면 충분하다. 절대로 하루 날을 잡아 대청소할 필요가 없다. 매일 15분씩 정리하면 물건을 항상 제자리에 두어 산만함을 줄이고 집중력을 높일 수 있다. 정돈된 공간은 일하거나 공부할 때 방해 요소를 최소화해 효율성을 높인다. 또 심리적 안정감을 제공해 스트레스를 줄인다. 그리고 물건이 어디에 있는지 쉽게 찾아 시간을 절약할 수 있고 자기 물건을 관리하는 책임감까지 기를 수 있다. 매일 15분씩 정리하는 습관은 삶의 자율성을 높이고 자기 관리 능력을 배양하는 데도 도움이 된다.

정리하는 방법

정리는 작은 공간부터 시작하는 것이 좋다. 이를테면 책상 위, 서랍한 칸, 옷장 한 구역 등 15분 내에 정리할 수 있는 공간을 선택하는 것이다. 또 어떤 물건을 먼저 정리할지 우선순위를 정하는 것도 중요하다. 이때 자주 사용하는 물건이나 눈에 띄는 공간부터 시작하면 효과적이고, 정리를 도와줄 도구를 활용하면 더욱 효율적이다. 예를 들어 수납 상자, 라벨, 바구니 등은 물건을 정리하고 보관하는 데 편리하다.

무엇보다 정리 후에도 그 상태를 꾸준히 유지하는 것이 중요하다. 매일 15분씩 정리하는 습관을 들여 정돈된 상태를 유지하면 된다.

앞서 언급했지만, 부모는 아이에게 정리의 본보기를 보여야 하며, 아이와 함께 정리하는 과정을 통해 정리의 중요성을 가르쳐야 한다. 이렇게 함으로써 아이는 정돈된 환경에서 건강하고 생산적인 생활 방식을 배울 수 있다. 하루 15분 정리는 일상생활에서 적은 노력만으로도 큰 변화를 가져올 수 있는 것이다.

작은 실천으로
공간을 크게 바꾸는 방법

⑥

사는 곳을 바꾸기가 어렵다면 현재의 공간을 최대한 활용해 아이의 생활 공간을 개선하는 다양한 방법을 적용한다. 가정에서도 쉽게 실천할 수 있으며, 큰 비용을 들이지 않고도 아이에게 적절한 환경을 제공할 수 있다.

방법 ① 공간 확보와 재구성

공간을 확보해 재구성하는 방법은 기존의 가구와 장난감을 재배치하여 아이가 더 많이 움직이고 탐험할 수 있는 환경을 만들어주는 것이다. 집에서 윷놀이를 한다고 가정해보자. 그러면 평면적으로 넓은 공간이 필요하다. 이때 테이블이 있으면 치워서 넓은 바닥 공간을 확보하면 된다. 같은 방법으로, 거실의 가구를 벽 쪽으로 배치하여 중앙에 넓은 공간을 마련하면 아이가 안전하게 놀 수 있다. 이처럼 공간을 재구성하면 아이의 활동 영역이 확장되어 더 많은 신체 활동을 통해 운동 능력과 협응력까지 발달시킬 수 있다.

방법 ② 다양한 수납법

효율적인 수납으로 놀이 공간을 확보하고 깔끔한 환경을 유지할 수 있다. 우선 바닥에 있는 물건은 위로 쌓는다. 이어서 수납 상자나 선반에 장난감과 책, 학습 자료를 정리해 아이가 필요할 때마다 쉽게 접근할 수 있게 하면 좋다. 이를 통해 아이는 정리 정돈 습관을 기르고 더 넓은 공간에서 자유롭게 활동할 수 있다. 특히 장난감은 종류별로 나눠 투명한 수납 상자에 넣으면 그때그때 원하는 것을 쉽게 찾을 수 있다. 그리고 벽걸이 수납 주머니는 작은 물건 정리에, 이동식 수납 카트는 자주 쓰는 물건 정리에 효율적인 수납 도구로, 적재적소에 적절히 활용한다.

방법 ③ 아주 작은 변화의 추가

벽에 그림 걸기, 새로운 러그 깔기, 조명 추가하기 등 작은 변화만으로도 아이의 창의력과 상상력을 자극할 수 있다. 부모와 아이가 공간에서 실제로 해볼 만한 활동으로는 다음과 같은 것들이 있으니, 참고해서 시도해보자.

- 부모와 아이가 함께 벽에 그림을 그리거나 장식을 만드는 활동
- 아이가 벽에 좋아하는 동물이나 캐릭터를 그리는 활동
- 방에 밝은 LED 조명을 설치해 전체 밝기를 높인 다음, 별 모양의 장식 조명을 천장에 달아 별이 빛나는 밤하늘을 만드는 활동

방법 ④ DIY, 내 손으로 만들기

최저 비용으로 최적 환경을 만드는 DIY도 있다. DIY로 직접 인테리어 소품을 만들거나 가구도 제작할 수 있다. 아이와 함께 벽화 그리기, 수납 상자 만들기 등 비용이 많이 들지 않는 것부터 시도해보자. 재활용품을 활용해 책상을 꾸미거나 장난감 정리함을 만드는 DIY는 아이에게 창의력과 문제 해결 능력을 길러주는 동시에 비용 절감 효과까지 누릴 수 있다.

방법 ⑤ 다용도 가구 활용

다용도 가구를 잘 활용하면 공간 활용도를 높일 수 있다. 벙커 침대를 놓으면 아랫부분에 놀이 공간을 마련할 수 있고, 접이식 책상을 사용하면 필요할 때만 공부 공간을 확보할 수 있다. 수납 공간이 내장된 침대와 의자를 활용하면 장난감과 학습 도구를 보관할 수 있다. 소파 겸용 침대는 낮에는 놀이 공간으로, 밤에는 침대로 활용해 한정된 공간을 더 크게 쓸 수 있다. 이처럼 다용도 가구는 공간 활용도를 높이고 다양한 활동을 한 공간에서 할 수 있도록 도와준다.

방법 ⑥ 자연의 활용

자연을 활용한 저비용 개선 방법도 있다. 집 안팎에서 자연을 활용하는 것은 적은 비용을 들여 아이의 발달에 긍정적인 영향을 주는 효율적인 방법이다. 실내에 작은 화분을 놓고 키우거나 미니 정원을 만들어 아이가 자연과 교감하는 기회를 만드는 것이다. 이와 관련된 자세한 내용은 '④ 식물: 공간에 들여놓는 작은 자연'(307쪽)을 참고한다.

사는 곳을 바꾸기는 어려워도 실천 가능한 여러 해결책을 통해 부모는 아이의 공간을 최적화할 수 있다. 앞서 이야기한 내용은 예산과 공간 제약을 고려하면서도 아이의 발달과 안전을 최우선으로 생각한 실용적인 방법이니 꼭 한번 실천해보길 바란다.

STEP 05

집 밖에서
실천하는
공간 육아

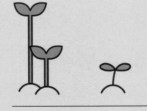

집 밖 공간에서 만나는 배움과 성장의 기회

①

공간 육아는 아이가 공간에서 놀고 배우면서 성장하는 과정으로, 아이의 발달을 위한 공간을 집 안에 모두 마련할 수 없기에 집 밖의 공간을 활용해야 한다. 부모는 주중, 주말, 여행을 통해 아이에게 다양한 집 밖의 공간과 활동을 제공함으로써 아이의 신체·인지·정서·사회 발달을 지원할 수 있다. 이를 통해 아이는 자신의 잠재력을 최대한 발휘하면서 건강하고 균형 잡힌 발달을 이뤄나간다. 또 가족 간의 유대감을 강화하고 함께하는 시간을 통해 소중한 추억을 만든다. 이러한 경험은 아이의 삶에 중요한 기반이 되어준다.

아이의 발달에는 고가의 장비나 복잡한 준비가 필요하지 않다. 일상 속에서 실천하는 활동으로 아이의 발달 영역을 자극하고 촉진할 수 있다. 아이가 주변 환경을 탐색하도록 하는 것이 무엇보다 중요하다. 아이의 발달에는 학문적 지식, 사회적 상호 작용, 감정 조절, 문제 해결 능력 등 다양한 인지적·정서적 기술이 포함되며, 아이는 여러 경험을 통해 그 기술을 연마해나간다.

아이에게 필요한 경험을 제공해주겠다며 학원에 보내는 분도 있지만, 나는 주중이나 주말 여행을 통해 만나는 다양한 공간에서 아이가 많은 것을 경험하는 것이 훨씬 효과적이라고 생각한다. 공원, 도서관, 박물관, 공연장, 미술관, 체육관 등 다양한 공간에서 그에 맞는 활동을 시도할 수 있으니 공간에서 얻는 것이야말로 가성비 최고의 요법이다. 이때 부모는 아이의 조련사가 아닌 조력자가 되어야 한다. 아이에게 좋은 공간을 제공하고, 아이가 그곳에서 다양한 경험을 할 수 있도록 도와야 한다. 만약 시간적·경제적 상황이 좋지 않다면 가까운 곳이라도 괜찮다.

우선 지금 사는 도시의 공공시설을 조사해보자. 지자체 홈페이지에는 시설과 특징, 운영 시간 등이 잘 정리되어 있다. 지자체에 제안하는 것도 좋다. 아이와 주중에 이용할 수 있는 곳, 아이와 주말에 가기 좋은 곳, 아이와 여행 가기 좋은 곳에 대한 추천을 요청할 수 있다.

또 부모에게는 육아의 고립을 막을 수 있는 공간이 절실하다. 육아 정보를 교환할 수 있고, 육아로부터 해방될 수 있는 공간이 필요하다. 육아하는 부모들의 '공간' 고민은 꽤 심각하다. 비용 부담이 크지 않으면서 날씨와 관계없이 갈 수 있는 아지트가 필요하다.

가까운 곳은 주중에 갈 수 있지만, 오가는 시간을 포함해서 4시간 이상이 필요한 곳이라면 주말에 가는 것이 좋다. 주말이나 휴일을 이용하면 1년에 적게는 20곳부터 많게는 50곳까지 갈 수 있다. 아이와 함께 가기 좋은 곳으로는 역사 공원, 자연공원, 천문대, 과학 공원, 미술관, 박물관, 전시관, 농어촌 체험 마을 등이 있다. 축구, 수영, 테니스, 스케이트, 스키 등 다양한 스포츠 활동도 있다. 서울, 전주, 수원, 대구, 경주, 포항, 부산, 제주, 강릉, 공주, 부여, 광주, 목포 등 우리나라 지도를 펼치고, 봄, 여름, 가을, 겨울 계절별로 아이와 함께하기 좋은 주중 활동, 주말 활동, 여행 장소를 구분해두면, 여행지를 선택할 때 도움이 된다. 개인적으로 1년에 한 번 정도는 아이와 함께 여행을 떠나는 걸 추천한다.

아이가 초등학교에 다닐 때는 대전에 살았기에 우리 가족은 주말에 자주 계룡산으로 등산을 하러 갔다. 그리고 대전에는 과학과 관련된 시설이 꽤 있어서 도움을 많이 받았다. 엑스포 과학공원, 국립중앙과학관, 국립중앙과학관 천체관측소, 지질박물관, 한국표준과학연구원 등이 아이와 함께 갔던 곳이다.

서울에 살면서는 문화유산, 미술관, 박물관 등을 조사해서 수첩에 적어놓고 매주 갔다. 국립중앙박물관은 아침 9시 30분에 도착해 10시에 들어가서 사람들이 많이 들어오는 점심쯤에 나왔다. 요즘은 어린이 박물관도 있다. 한 번에 다 보려고 욕심을 내기보다는 여러 번에 걸쳐서 층별로 봐도 괜찮다. 나와 아이는 서로 관심사나 속도가 달랐기에 들어가서는 편하게 따로 봤고, 항상 도슨트의 설명이나 음성 해설 등 별도의 프로그램을 이용했다. 비가 오거나 추운 겨울에는 박물관과 미술관이 정말 좋다. 나는 지금도 국립중앙박물관에서 아이디어를 얻는다. 그리고 삼성동 코엑스에서는 1년 내내 열리는 전시를 기회가 닿을 때마다 관람했다. 우리 가족은 주로 건축, 도시, 디자인, 공예, 기술 등과 관련된 전시를 많이 찾아갔다.

　매년 가족여행을 빠뜨리지 않았지만, 아이가 고등학생이 되면 여행이 어려울 수 있기에 중학교 3학년 겨울 방학을 이용해 제주도를 갔다. 목표는 '제주도에 있는 미술관과 박물관 모두 관람하기'였다. 세계자동차&피아노박물관, 제주유리박물관, 오설록 티 뮤지엄, 제주신영영화박물관, 초콜릿박물관, 제주민속자연사박물관, 제주돌문화공원, 이중섭미술관, 김영갑갤러리두모악을 비롯해 성읍민속마을, 제주민속촌, 한라산 등을 둘러봤다. 이후 아이가 대학생이 된 후에는 '근대 건축 기행'과 같은 테마를 정해서 여행을 떠났다. 전주부터 군산, 대구, 인천, 목포, 서울 등 근대 건축물이 모여 있는 곳을 구석구석 살펴면서 다녔다.

　이제는 성인이 된 아이에게 물어본 적이 있다. 어릴 때 경험하거나 체험한 것 중 기억에 남는 것이 있냐고 말이다. 아이는 천문대, 김영갑갤러리 등이 기억에 남는다고 했다. 나도 아버지와 함께한 여행이 지금도 기억에 남아 있다. 어린 시절 가족과 함께한 여행은 세세하지는 않아도 아이의 머릿속에 특별한 추억으로 새겨질 것이다.

　여행은 아이가 새로운 문화, 환경, 사람을 만나고 폭넓은 시각과 지식을 얻을 수 있는 기회로, 이는 아이의 인생에 큰 영향을 미친다.

　오래전 박사 학위 논문을 위해 유럽 여러 나라를 답사하던 중, 초등학생 둘을 데리고 한 달간 배낭여행을 하는 가족을 만난 적이 있다. 그들은 인생의 쓴맛을 제대로 경험하는 중이었다. 예약도 없이 가족 넷이 매일 일정을 짜면서 그날그날 잘 곳과 예산에 맞춘 식사를 결정해야 했다. 불안하지 않냐고 물었더니, 그들은 "그것이 인생"이라며 웃었다. 그 모습을 보며 진정한 교육이 무엇인지 생각하게 되었다.

　독일의 교육자 칼 비테Karl Witte는 그만의 자녀교육법을 적용해 발달 장애였던 아들을 천재 수학자로 키운 것으로 유명하다. 그는 당시의 교육 방식과는 달리 자연스러운 호기심을 바탕으로 한 학습과 자유로운 정신적 발달을 강조했다. 바로 '여행 놀이'라는 독특한 접근 방식이다. 아이가 여행에서 직접 경험하고 배우며, 다양한 사람들과 만나 소통하고, 예상치 못한 상황에 대처하며, 자신의 관심사에 따라 탐구하고, 다양한 관점을 접하게 하는 것이다.

나는 지금도 여행을 즐긴다. 여행을 가면 평소 보이지 않았던 것이 보이고 느끼지 못했던 것이 느껴진다. 얼마 전에는 산티아고 순례길을 걸었다. 가기 전에 책도 보고, 영화도 보고, 지인에게 듣기도 했지만, 정작 내가 직접 가서 보고 듣고 느낀 것은 그들과는 전혀 달랐다. 혼자 걷다 보니 내면의 소리가 들렸고, 힘든 시간을 혼자 견뎌야 했으며, 무엇보다 길 위에서 함께 걷는 사람들이 보였다. 주변 경관이 그들에게 주는 위로에 관심을 갖게 되었다. 많은 사람들이 그 길을 걷지만 각자 보고 듣고 느끼는 것은 전혀 다르다. 이것이 여행의 묘미다. 하지만 모두가 좋다고 해서 나도 좋은 것은 아니다.

이제부터 아이와 함께 주중이나 주말에 어디를 가면 좋을지, 여행을 간다면 언제 어디로 갈지 계획을 세워보는 건 어떨까? 아이와 함께 즐길 만한 곳, 아이와 함께하기 좋은 축제 등을 검색하며 온 가족이 함께하는 시간을 만들어보자.

매일 가도
좋은 공간

주중에는 집과 가까운 곳을 방문해 아이에게 학습과 놀이의 기회를 제공하자. 주중에 갈 수 있는 공간으로는 놀이터, 도서관, 지역 커뮤니티 센터, 키즈 카페 등이 있다.

🏠 놀이터

주중에 아이가 가장 가기 쉬운 곳은 놀이터다. 놀이터는 대부분 학교나 주거지 근처에 있어서 접근성이 좋다. 아이가 방과 후에 쉽게 갈 수 있고 부모나 보호자가 특별한 준비 없이도 데려갈 수 있다. 놀이터는 특별한 예약 없이 언제든지 이용할 수 있고 무료인 경우가 대부분이라 경제적으로도 부담이 없다. 또 다양한 놀이기구와 활동 공간을 제공해 아이가 자연스럽게 신체 활동을 할 수 있다. 이때 아이는 부모가 지켜보는 안전한 환경에서 친구들과 어울리면서 사회성도 기를 수 있다.

🏠 도서관

도서관 역시 비교적 집 근처에 있는 경우가 많아 주중에 아이와 함께 방문하기 좋은 장소다. 특히 도서관마다 어린이 열람실은 아이들이 책을 읽는 것을 넘어 즐길 수 있도록 안전하고 편안하게 구성되어 있다. 도서관에서는 정기적으로 스토리 타임, 독서 클럽, 창의 워크숍 등 다양한 프로그램을 진행하는데, 이러한 프로그램은 아이가 언어 발달과 함께 사회적 기술을 습득하는 데 큰 도움이 된다.

도서관은 아이에게 조용하고 집중할 수 있는 환경을 제공해 학습에도 매우 유익하다. 아이가 고등학생 때의 일이다. 온 가족이 주말마다 남산도서관을 다닌 적이 있다. 집에서 자동차를 타고 20분 정도 가야 했지만, 도서관이 숲속에 있어서 가족이 함께하기에 더없이 좋았다. 우리 가족은 개관 시간인 오전 9시에 도착해서 오후 5시까지 다 같이 공부했다.

도서관은 즐기러 가는 곳이 될 수도 있다. 예전에 전주에 도서관

● 아이가 책을 즐기면서 창의적 영감을 받는 서울시 강동구립도서관 어린이 열람실.

투어를 간 적이 있다. '여행자도서관'에서 거꾸로 보는 책을 접하며 "어떻게 저런 생각을 하지?" 싶은 감탄과 함께 새로운 시각을 경험할 수 있었다. 이처럼 도서관은 아이와 어른 모두에게 창의적 영감을 주는 공간이기도 하다.

🏠 지역 커뮤니티 센터

지역 커뮤니티 센터는 미술, 음악, 체육 등 다양한 프로그램을 통해 아이가 기술을 배우고 친구를 사귀며 사회성을 키울 수 있는 환경을 제공한다. 또 부모와 아이가 함께 참여하는 프로그램을 통해 가족 간의 유대감도 강화할 수 있다.

예를 들어 요가 수업은 신체 발달에, 미술 수업은 창의력 증진에 긍정적인 영향을 미친다. 예술 및 공예 워크숍은 창의력을 발휘하게 할 뿐만 아니라 타인과 소통하는 법을 배우도록 이끈다. 다양한 재료로 그림을 그리고 작품을 만드는 활동은 성취감을 느끼고 자신감을 키우는 데도 도움을 준다.

아이가 지역 커뮤니티 센터에서 진행하는 도자기 공예 교실에 다닌 적이 있다. 모든 공예가 다 그렇겠지만, 특히 도자기 공예는 다양한 형태와 디자인을 계속 시도하며 자기 아이디어를 그때그때 실물로 표현할 수 있어 창의력을 더욱 발달시킨다. 점토를 반죽하고 모양

● 미술, 음악, 체육 등 다양한 프로그램에 참여하면서 여러 가지 능력을 키울 수 있는 지역 커뮤니티 센터.

을 만드는 과정은 손가락 근육 발달과 운동 능력 향상에 효과적이기도 하다. 또 점토를 다양한 형태로 완성하기 위해 여러 방법을 시도하면서 문제 해결 능력과 공간 지각 능력까지 키울 수 있다.

🏠 키즈 카페

키즈 카페는 아이가 안전한 환경에서 신체 활동과 놀이를 즐길 수 있는 실내 공간으로, 특히 날씨가 좋지 않을 때 유용하다. 아이는 이곳에서 다양한 놀이기구를 이용함으로써 신체 발달과 사회적 상호 작용을 촉진하고, 마음껏 에너지를 발산하며, 자연스럽게 배우고 성장할 기회를 얻는다. 그리고 키즈 카페는 부모에게 잠시나마 여유를 제공하는 힐링 공간으로써의 역할도 톡톡히 수행한다.

키즈 카페는 국가나 지자체에서 운영하는 공공 키즈 카페와 개인이나 기업이 운영하는 사설 키즈 카페로 나뉜다. 공공 키즈 카페 중 좋은 예로는 서울시 강동구에서 운영하는 '아이맘 강동'이 있다. 이곳은 키즈 카페의 본래 기능과 장난감 대여소를 결합한 공간으로, 부모와 아이 모두에게 유용한 서비스를 제공한다. 아이에게는 키즈 카페에서의 다양한 놀이 및 놀이기구를 통해 창의력과 상상력을 키울 기회를 주며, 부모에게는 육아 부담을 덜어주는 든든한 지원군 역할을 해준다.

사설 키즈 카페는 개인이나 기업이 수익 창출을 목적으로 운영하는 시설로, 화려한 놀이기구와 다양한 프로그램이 있어 아이가 여러 가지 놀이와 체험을 경험하게 한다. 미끄럼틀, 볼풀, 트램펄린 등 대형 놀이기구와 요리, 공예 등 체험 프로그램이 마련되어 있다. 주로 상업 중심지에 위치해 접근성이 좋으며 시간이나 인원에 따라 요금을 받는다. 체험 프로그램과 식음료는 추가 비용이 발생하며 생일 파티나 계절별 이벤트 같은 유료 프로그램도 별도로 운영한다. 사설 키즈 카페 역시 부모에게는 휴식 공간을, 아이에게는 놀이와 체험의 장

● 서울시 강동구에서 운영하는 공공 키즈 카페 '아이맘 강동 길동점'의 내부 모습.
(사진 출처: 에이아이엠건축사사무소)

을 제공한다.

일본 신주쿠에는 폐교된 초등학교를 활용해 만든 장난감 미술관이 있다. 이곳은 부모와 아이가 함께 즐길 수 있는 체험형 공간으로, 많은 방문객이 찾는 인기 있는 장소다. 아이가 한 번 들어오면 집에 가기 아쉬워할 정도로 큰 호응을 얻고 있다. 이곳은 앞서 언급한 아이맘 강동에 영감을 주기도 했다. 공간을 연구하는 사람으로서 일본의 장난감 미술관과 우리나라의 아이맘 강동 같은 시설이 더욱 늘어나 아이와 부모 모두에게 더 많은 도움이 되기를 기대한다.

3 일주일에 한 번씩 가면 좋은 공간

주말에는 아이와 함께 더 긴 시간 동안 다양한 활동을 할 수 있는 장소를 방문하는 것이 좋다. 주말에 갈 수 있는 공간으로는 도시공원, 동물원, 수족관, 어린이 박물관 등이 있다.

🏠 도시공원

도시공원으로 산책을 떠나보자. 아이는 자연 속에서 뛰어놀며 신체 활동을 할 수 있고, 자연을 탐험하며 호기심과 탐구심을 자극받는다. 공원에서의 활동은 아이의 신체를 발달시킬뿐만 아니라 정서를 안정시키며 자연과 교감하면서 환경 보호를 배우게 한다. 주말마다

● 서울시 강동구에 위치한 일자산허브천문공원의 전경.

가까운 도시공원을 방문해 하이킹, 자전거 타기 등을 즐겨보자.

🏠 동물원

동물원은 아이가 다양한 동물을 관찰하고 배우기에 좋은 장소다. 아이는 동물원에서 직접 동물을 만나며 자연과 생태계에 대한 이해를 높일 수 있다. 동물원에서 제공하는 동물 설명 프로그램이나 먹이 주기 체험은 동물에 대한 호기심을 자극하여 아이에게 생태계의 복잡성과 아름다움을 배우는 기회를 선사한다.

⌂ 수족관

수족관에서는 해양 생물을 관찰하며 해양 생태계에 대한 지식을 습득할 수 있다. 수족관에서 해양 생물의 다양한 색과 움직임을 관찰하는 활동은 아이의 시각과 호기심을 동시에 자극한다. 이때 시각적 자극은 아이의 뇌 발달을 촉진하고, 신비로운 물고기와 해양 생물을 관찰하는 과정은 아이에게 큰 흥미와 즐거움을 준다.

⌂ 어린이 박물관

어린이 박물관(과학관, 천문대 등 포함)은 아이가 직접 체험하고 배우는 공간이다. 어린이 박물관에서 이뤄지는 다양한 전시와 체험 활동을 통해 아이는 재미있게 학습하면서 창의력을 발달시킬 수 있다.

⌂ 체육 시설

체육 시설에서는 아이가 축구, 농구, 테니스 등 단체 스포츠 활동이나 신체 놀이를 함으로써 협력, 팀워크, 리더십 등을 배우고 익힐 수 있다. 이러한 활동은 아이의 건강을 유지하는 데도 긍정적인 영향을 미친다.

체육 시설이라는 공간의 명칭에 너무 의존할 필요는 없다. 집 주변 놀이터, 가까운 공원 등을 활용하면 누구나 쉽게 신체 활동을 할 수 있다. 중요한 것은 근사한 시설을 찾는 것이 아니라 아이가 즐겁게 움직이면서 건강한 습관을 형성하는 것이다. 간단한 도구와 공간만으로도 누구나 운동을 시작할 수 있으며, 이는 아이의 신체와 정서 발달에 큰 밑거름이 된다.

⌂ 공연 공간

공연이나 연극 관람은 아이에게 새로운 경험과 감정의 세계를 열어주는 좋은 방법이다. 연극, 뮤지컬, 콘서트 등의 공연을 통해 아이는 다양한 감정을 경험하고 이해하며 문화적 감수성과 예술에 대한 흥미를 키울 수 있다.

아이가 초등학교에 다닐 때 학교에서 뮤지컬 〈난타〉를 단체 관람한 적이 있다. 아이는 이 작품의 관람을 계기로 우리 고유의 문화를 새롭게 바라보게 되었고, 서양 문화에만 익숙했던 자신을 돌아보게 되었다. 그 후로 국립극장을 찾아가 창극 〈심청가〉를 시작으로, 판소리 공연 〈적벽가〉까지 관람하며 전통 공연의 매력에 빠지게 되었다.

이처럼 공연 공간에서 이뤄지는 다양한 공연 관람은 아이에게 문화와 예술에 대한 폭넓은 이해를 제공하며 새로운 감각과 시야를 열어주는 귀중한 기회가 될 수 있다.

여행으로 한 번씩 가면 좋은 공간

④

여행은 아이에게 새로운 환경과 문화를 경험하게 하는 좋은 기회다. 아이와 함께 여행하기 좋은 공간으로는 캠핑장, 해변, 역사 유적지, 테마파크 등이 있다.

⌂ 캠핑장

캠핑은 아이가 자연과 가까워지는 좋은 기회다. 아이는 자연에서 캠핑을 하며 다양한 감각을 자극받고 협동심과 자립심을 키울 수 있다. 또 아이가 직접 텐트를 치고 음식을 준비하는 등의 경험은 책임감과 실용적인 기술도 배우게 한다. 요즘은 상당수의 가족이 주말이나 휴가 기간에 캠핑을 떠나 자연에서 시간을 보내며 캠프파이어를 하거나 하이킹을 즐기는 경우가 많다. 이처럼 캠핑은 가족 간의 유대감을 강화하고 소중한 추억을 만들 수 있도록 도와준다.

⌂ 해변

해변은 아이가 물놀이와 모래 놀이를 즐길 수 있는 최고의 장소다. 아이는 바다와 모래사장에서의 놀이를 통해 신체 활동을 하면서 무한한 창의력과 상상력을 발달시킬 수 있다. 모래성 쌓기, 조개 줍기, 바다 수영 등 해변에서의 경험은 자연의 아름다움과 위대함을 느끼게 할 뿐만 아니라 다양한 해양 생물과 환경에 대해 배우고 익히는 기회 또한 제공한다.

⌂ 역사 유적지

아이는 역사 유적지를 방문해 역사와 문화를 배우며 인지 발달을 도모할 수 있다. 여행을 통해 새로운 곳을 찾아가 살펴보는 경험은 아이에게 큰 자산이 된다. 역사 유적지 탐방은 과거의 역사와 문화적 유산을 직접 경험하게 하여, 아이가 역사적 사고와 문화적 감수성을 키우는 데 도움을 준다. 특히 고궁이나 역사 유적지를 방문해 가이드 투어나 역사 체험에 참여하는 경우는 아이에게 역사적 사건과 인물에 대해 배우며 과거와 현재를 연결하는 의미 있는 경험을 선사한다.

⌂ 테마파크

테마파크는 놀이기구와 공연을 경험하면서 즐거움을 느끼는 공간이다. 아이는 롤러코스터, 대관람차, 회전목마 등 여러 가지 놀이기구를 타면서 신체 능력을 향상시키고, 공연을 관람하면서 몸의 여러 감각을 자극받는다. 그리고 사람들이 붐비는 테마파크에서 온종일 가족이 함께하면 가족 간의 유대감까지 강화할 수 있다.

아이가 잘 크는 곳의 비밀

초판 1쇄 발행 2025년 3월 31일

지은이	김경인
펴낸이	권미경
편집	최유진
마케팅	심지훈, 강소연, 김재이
디자인	어나더페이퍼

펴낸곳	㈜웨일북
출판등록	2015년 10월 12일 제2015-000316호
주소	서울시 마포구 토정로 47 서일빌딩 701호
전화	02-322-7187
팩스	02-337-8187
메일	sea@whalebook.co.kr
인스타그램	instagram.com/whalebooks

ISBN 979-11-94627-02-9 (03590)

소중한 원고를 보내주세요.
좋은 저자에게서 좋은 책이 나온다는 믿음으로, 항상 진심을 다해 구하겠습니다.